KB079445

청소년을 위한

# 위대한 수학자들 이야기

야노 겐타로 지음
손영수 옮김

전파과학사

# 머리말

만약, 학교에서 배우는 산수나 수학이 재미가 없다고 생각하는 사람이 있다면, 그것은 수학을 어느 한쪽 면에서부터만 바라보고 있기 때문이라고 필자는 생각한다.

교과서에는 그 이름이 별로 잘 나타나 있지 않지만, 산수와 수학의 이야기에는 훌륭한 수학자들의 숱한 고생이 숨겨져 있다.

또 교과서는 산수나 수학의 큰 줄거리만을 쫓고 있지만, 그 큰 줄거리 주위에서는 재미있는 사실을 많이 발견할 수 있다.

따라서 산수나 수학에 대해 흥미를 갖는 한 가지 방법은, 그것을 쌓아 올려 온 수학자의 생애와 에피소드를 알고, 수학자에게 친근감을 가지면서, 나아가 그 큰 줄거리 주변에 있는 재미있는 사실에 눈을 돌리는 일이라고 필자는 생각한다.

이를테면 아메스의 파피루스 가운데서는 옛날 이집트인들이 분수를 다루던 고심의 흔적을 엿볼 수 있을 것이고, 또 탈레스의 에피소드와 그 업적을 알게 되면 중학에서 배우는 기하에 대해서 한층 더 친숙한 느낌이 들 것이다.

이 책은 이런 생각을 염두에 두고 수학사 가운데서 걸출한 몇몇 수학자를 예로 들어, 그 생애와 에피소드를 얘기하고, 가능한 한 그 수학자의 업적을 소개했다.

이 책을 통해 여러분이 산수나 수학에 대해서 친근감을 갖게 되는 동시에 학습에 약간이나마 도움이 되기를 간절히 바란다.

# 차례

# 아메스
# (Ahmes, B.C. 1700년경)

문명은 큰 강 유역에서 발상한다. 이집트의 나일강, 바빌로니아의 티그리스강과 유프라테스강, 인도의 인더스강, 그리고 중국의 황하(黃河) 유역에서는 일찍부터 문명이 발생했다.

옛날, 이집트의 강변이나 늪에서는 파피루스(Papyrus)라고 불리는 수초가 무성하게 자라고 있었다. 이집트 사람들은 이 파피루스로부터 지금의 종이와 같은 것을 만들어서, 그 위에다 기록을 남겨 놓고 있었다. 이 수초로 만든 일종의 종이도 역시 파피루스라고 불렸다.

그런데, 영국의 이집트를 연구하는 린드라는 학자가 1858년에 테베의 폐허에서 이 파피루스를 발견했다. 이것은 현재 런던의 대영박물관에 소중하게 보관되어 있다.

한편 고대인이 기록한 귀중한 고문서 하나가 발견되었는데, 이 파피루스는 숱한 고생 끝에 1877년, 독일의 고고학자 아이젠롤레(A. Eisenrolle)에 의해서 번역되었다.

그것에 따르면 이 고문서는 기원전 1650년경에 이집트의 신관(神官) 아메스가 그전부터 알려져 있던 수학에 관한 지식을 기록한 수학책이었던 것이다.

따라서 이것은 그 발견자의 이름을 따서 『린드 파피루스』, 또는 그 저자의 이름을 따서 『아메스의 파피루스』라고 불리고 있다.

한편, 그 내용을 살펴보면 우선 분자가 2이고 분모가 홀수인 분수를, 분모가 다른 단위분수, 즉 분자가 1인 분수의 합으로 고친 식이

$$\frac{2}{3}$$

를 제외하고는

$$\frac{2}{5}=\frac{1}{3}+\frac{1}{15}$$

$$\frac{2}{7}=\frac{1}{4}+\frac{1}{28}$$

$$\frac{2}{9}=\frac{1}{6}+\frac{1}{18}$$

$$\frac{2}{11}=\frac{1}{6}+\frac{1}{66}$$

$$\frac{2}{13}=\frac{1}{8}+\frac{1}{52}+\frac{1}{104}$$

$$\frac{2}{15}=\frac{1}{10}+\frac{1}{30}$$

$$\vdots$$

로,

$$\frac{2}{101}=\frac{1}{101}+\frac{1}{202}+\frac{1}{303}+\frac{1}{606}$$

까지 들고 있다.

처음의 2/3만 왜 그대로 두어졌는지 알 길이 없지만, 네 번째의

$$\frac{2}{9}=\frac{1}{6}+\frac{1}{18}$$

의 양변을 3배하면

$$\frac{2}{3}=\frac{1}{2}+\frac{1}{6}$$

이 되므로, 이 답도 알고 있었던 것이라고 생각된다.

그런데 이집트인들은 위의 표를 사용하여 분모가 홀수인 분수를 분모가 다른 단위분수의 합으로 고쳐 놓고 있었다. 몇 가지 예를 더 들어 보기로 하자.

먼저

$$\frac{3}{5}=\frac{2}{5}+\frac{1}{5}$$

표를 사용하여

$$\frac{3}{5}=\left(\frac{1}{3}+\frac{1}{15}\right)+\frac{1}{5}$$

따라서

$$\frac{3}{5}=\frac{1}{3}+\frac{1}{5}+\frac{1}{15}$$

다음에

$$\frac{4}{5}=\frac{2}{5}\times 2$$

표를 사용하여,

$$\frac{4}{5}=\left(\frac{1}{3}+\frac{1}{15}\right)\times 2$$

$$=\frac{2}{3}+\frac{2}{15}$$

다시 표를 사용하여,

$$\frac{4}{5}=\left(\frac{1}{2}+\frac{1}{6}\right)+\left(\frac{1}{10}+\frac{1}{30}\right)$$

따라서

$$\frac{4}{5}=\frac{1}{2}+\frac{1}{6}+\frac{1}{10}+\frac{1}{30}$$

아메스의 파피루스에는 다음과 같은 종류의 문제도 볼 수 있다.

「어떤 수와 그것의 1/3을 더한 것을 16이라고 한다. 어떤 수란 얼마인가?」

여러분은 이것을 어떻게 풀 것인가? 아메스는 이것을 다음과 같이 풀고 있다.

어떤 수를 3이라고 가정하면, 어떤 수 (3)과 그것의 1/3(1)을 더한 것은 4이다. 그런데 실제로는 어떤 수와 그것의 1/3을 더한 것은 이 4의 4배인 16이다. 따라서 어떤 수는 최초에 가정했던 3의 4배인 12이다.

이 방법은 가정법(假定法)이라고 불린다.

또 아메스의 파피루스에는 어떤 수에서부터 시작하여 이것에 차례로 일정한 수를 더해 가면서 얻는 수열(數列), 이를테면

1, 3, 5, 7, 9, 11, ……

과 같은 등차수열(等差數列), 또는 어떤 수에서부터 시작하여 이것에 차례로 일정한 수를 곱해 가면서 얻는 수열, 이를테면

1, 2, 4, 8, 16, 32, ……

와 같은 등비수열(等比數列)의 이야기도 나온다.

아메스의 파피루스에는 이 밖에 도형의 면적과 체적을 구하는 문제도 나온다.

## 탈레스(Thales, B.C. 640?~546)

그리스 수학의 시조라고 일컬어지는 탈레스는 기원전 600년경, 그리스의 밀레토스라는 작은 도시에서 태어났다. 어릴 적에는 가게에서 점원으로 심부름을 했었는데, 독립하여 한 상인으로서 성장하자 상업상의 용무로 지중해를 건너 이집트로 갔다.

이집트에 머물고 있는 동안 탈레스는 어느 사원(寺院)의 승려와 가까워져서, 이 사원에서 예로부터 소중히 보관하고 있는 좀처럼 남에게는 보여 주지 않는 귀중한 책을 볼 수 있었다.

이 책은 앞에서 말한 아메스의 파피루스와 마찬가지로 이집트에서 발달한 수학과 천문학에 관한 책이었는데, 이것을 읽기 시작한 탈레스는 그 책이 너무 재미있어서 그대로 사원에 눌러앉아 밤낮을 가리지 않고 탐독한 결과, 마침내 이 책에 씌어 있는 것을 전부 이해하게 되었다. 그 후 탈레스는 그리스로 돌아와서도 수학과 천문학의 연구를 계속하여 마침내는 세계에서 최초의 대수학자라고 일컬어지는 학자가 되었다.

탈레스에 대해서는 많은 에피소드가 전해지고 있다. 아래에서 그 몇 가지를 소개하기로 한다.

## 탈레스와 당나귀

이 이야기는 탈레스가 아직도 가게의 점원으로 있던 무렵의 이야기이다.

어느 날, 탈레스는 주인의 지시로 고객에게 소금을 배달하게 되었다. 그래서 그는 소금가마니를 당나귀의 등에 싣고 출발했다.

얼마 지나자 얕은 강이 나타났다. 탈레스는 당나귀를 끌고 이 강을 건너갔는데, 마침 한가운데에 다다랐을 때 당나귀가 강바닥의 돌을 헛딛고 벌렁 나자빠지고 말았다.

당나귀는 한참 동안을 허우적거리다가 간신히 일어났지만, 그동안에 등에 실었던 소금은 거의 다 녹고 없었다. 탈레스는 뜻하지 않은 큰 손해를 보았는데, 당나귀란 놈은 오히려 얼씨구 잘 되었구나 하고 좋아했다. 사연인즉 강 한가운데서 넘어졌을 때는 하마터면 죽는가보다 하고 생각했었는데, 가까스로 일어나보니 등의 짐이 전과는 비교도 안 될 만큼 훨씬 가벼워져 있었던 것이다.

이리하여 이 당나귀는 등에 짐을 싣고 강을 건널 적에는 중간에서 일부러 나뒹굴어 적당히 허우적거리다가 일어나면 등에 실은 짐이 훨씬 가벼워진다는 것을 알고 잔꾀를 부리게 되었다. 그리고 그때마다 탈레스는 큰 손해를 보아야 했다.

그러던 어느 날, 이 당나귀가 등에 짐을 싣고 강을 건너다가 또 여느 때처럼 일부러 벌렁 나자빠져서 적당히 허우적거리다가 다시 일어났다. 그런데 아뿔사, 이건 어찌 된 일인가? 예상과는 달리 등의 짐이 전보다 훨씬 더 무거워지지 않았는가!

실은 탈레스가 이 당나귀의 나쁜 버릇을 고쳐주려고 등에다 소금 대신 해면(海綿)과 누더기를 잔뜩 채운 가마니를 실어 두었는데, 당나귀가 뒹굴었다 일어났을 때는 해면과 누더기가 물을 듬뿍 빨아들여 전과는 달리 몇 배나 더 무거워져 있었던 것이다.

이렇게 혼이 난 당나귀는 그 후는 강을 건너다가 일부러 꾀를 부려서 나뒹구는 일이 없어졌다고 한다.

### 올리브의 풍작

탈레스가 상인으로서 얼마나 빈틈없는 장사꾼이었는지를 보여 주는 다음과 같은 이야기도 있다. 어느 해 탈레스는 올리브가 크게 풍작이 될 것이라고 예측하자, 올리브의 기름을 짜는 압착기를 미리 독점해 사두었다. 과연 올리브는 대풍작을 거두었고 기름을 짜야 할 상인들은 압착기를 구하지 못해서 탈레스에게 막대한 이익을 가져다주었다고 한다.

### 막대기 하나로 측정한 피라미드의 높이

탈레스가 이집트에 머물고 있을 때 막대기 하나로 피라미드의 높이를 측정했다는 유명한 에피소드가 있다.

피라미드란 실은 이집트 왕의 무덤이다. 옛날 이집트인들은 인간은 죽더라도 그 영혼은 없어지지 않으며 영혼이 한때 육체를 떠나 있을 뿐이고, 그 영혼은 언젠가는 다시 그 육체로 되돌아오는 것이라고 믿고 있었다.

그래서 이집트인은 왕이 죽었을 때 왕의 영혼이 돌아올 것을 대비하여, 왕의 유해를 미라로 만들어 이른바 피라미드 속에 소중히 모셔 놓고 있었다. 피라미드 곁에 있는 스핑크스는 이 왕의 무덤을 지키기 위해서 세워진 것이다.

그런데 탈레스는 이 피라미드의 높이를 다음과 같이 막대기 하나로 측정했다.

피라미드의 정점을 S라 하고, 정점 S로부터 피라미드의 바닥면으로 드리운 수직선 끝을 H라고 한다. 그리고 지면에 수직으로 세운 막대를 PQ라고 한다.

이렇게 해 두고 같은 시각에 SH의 그림자 길이 HT와 PQ의 그림자 길이 QR을 측정한다.

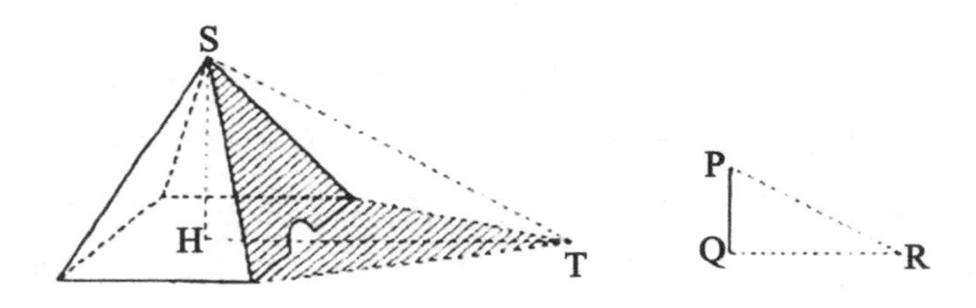


이렇게 하면 삼각형 SHT와 PQR은 닮은꼴이므로

SH : HT=PQ : QR

이 된다.

HT, PQ, QR은 모두 측정할 수 있는 길이이므로, 이 식에서부터 SH, 즉 피라미드의 높이를 알 수 있게 된다.

탈레스는 그리스로 돌아와서도 이 비례의 원리를 한층 더 발전시켜 나갔기 때문에, 탈레스를 가리켜 비례의 신이라고 부르는 사람도 있다.

또 탈레스는 위와 같이 복잡한 계산을 한 것이 아니라, 지면에 수직으로 세운 막대의 길이와 그 그림자의 길이가 같아진 순간에 피라미드의 그림자의 길이를 측정하여, 그것을 피라미드의 높이로 했다는 설도 있다.

## 산 양쪽의 두 지점 간의 거리를 측정

이것은 탈레스가 그리스로 돌아왔을 때의 이야기라고 생각되는데, 탈레스는 중간에 산이 있어서 직접 측정할 수 없는 두 지점 A, B 간의 거리를 다음과 같이 측정했다.

그는 먼저, 지점 A와 B를 전망할 수 있는 점 O를 선택해 A와 O를 잇는 직선 AO를, AO의 길이와 OC의 길이가 같아질 만한 점 C까지 연장한다. 또 B와 O를 잇는 직선 BO를, BO의 길이와 OD의 길이가 같아질 만한 점 D까지 연장한다.

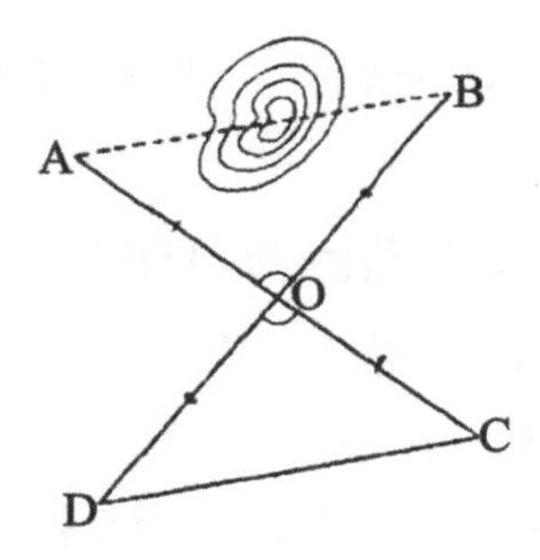


이렇게 만들어진 그림으로 삼각형 OAB를 점 O 주위로 180도 회전시키면 삼각형 OAB는 삼각형 OCD에 겹쳐진다. 이것은 A와 B 사이의 거리가 C와 D 사이의 거리와 같다는 것을 의미하고 있다. 따라서 직접 측정할 수 있는 C와 D 사이의 거리를 측정하여, 직접 측정할 수 없는 A와 B 사이의 거리를 알 수가 있다.

이상은 탈레스가 발견해 증명한 다음의 정리(定理)를 교묘하게 응용하고 있다. 즉,

'두 삼각형에서 대응하는 두 변의 길이가 같고 그 사잇각이

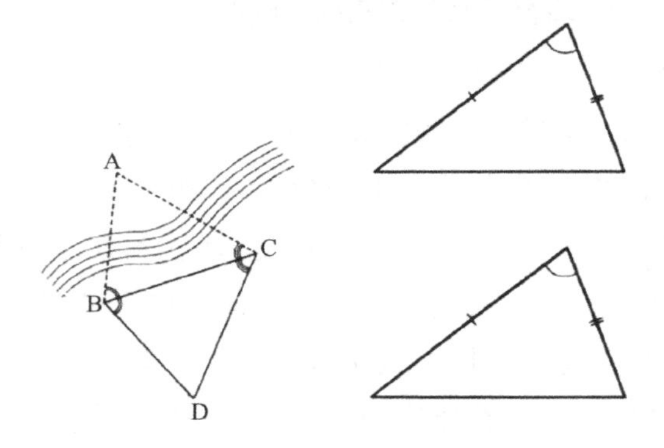


같으면 두 삼각형은 포개어질 수 있다. 즉 합동(合同)이다.'

## 해안에서부터 앞바다에 있는 배까지의 거리를 측정

탈레스는 또 해안의 한 점 B로부터 앞바다에 있는 배 A까지의 거리를 다음과 같이 측정했다.

그는 먼저, 해안 위에다 B 이외에 서로를 잘 전망할 수 있는 또 하나의 점 C를 정한다. 다음에 그는 각 CBA를 측정하여 그것과 같은 크기의 각 CBD를 해안 쪽에 취한다. 또 각 BCA를 측정하여 그것과 같은 크기의 각 BCD를 해안 쪽에다 선정한다. 이렇게 하여 점 D를 결정한다.

이렇게 하여 만들어진 그림으로 삼각형 ABC를 변 BC에서 뒤집으면 삼각형 ABC는 삼각형 DBC와 포개어진다. 이것은 AB의 길이가 DB의 길이와 같다는 것을 의미하고 있다.

따라서 직접 DB의 길이를 측정하여, 직접 측정할 수 없는 AB의 길이를 알 수 있다.

이상은 탈레스가 발견해 증명한 정리를 잘 응용한 예이다.

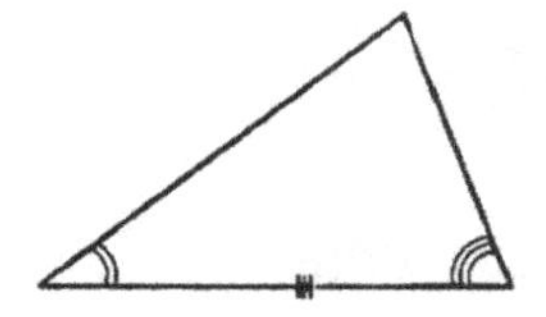
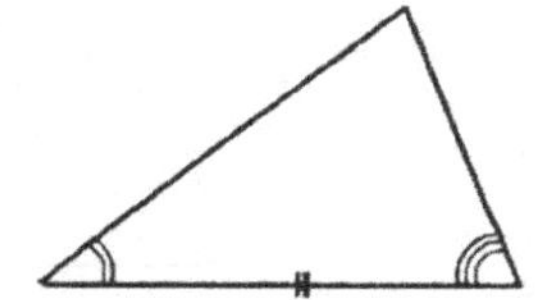

즉,

‘두 개의 삼각형에서 대응하는 변의 길이가 같고, 그 양 끝에서의 대응하는 두 내각의 크기가 같다고 하면 이 두 삼각형은 포개어질 수 있다. 즉 합동이다.’

## 탈레스의 정리

다음의 정리는 탈레스의 정리라고 불린다. 즉

‘O를 중심으로 하는 원의 한 지름을 AB로 하고, 원주 위에 A, B 이외의 임의의 점 P를 취하면 각 APB는 항상 직각이다.’

이 정리를 증명하기 위해 먼저 점 O와 P를 연결한다. OA와 OP는 원 O의 반지름이므로, 그 길이는 같아져서 삼각형 OAP는 이등변삼각형이다. 따라서 두 밑각 OAP와 OPA는 같아진다. 지금 이것들을 $\alpha$로 해 둔다.

또 OB와 OP도 모두 원 O의 반지름이므로 그 길이가 같아져서 삼각형 OBP는 이등변삼각형이다. 따라서 두 밑각 OBP와 OPB는 같아진다. 지금 이것들을 A라고 해 둔다.

그런데 삼각형 PAB의 내각의 합은 2직각이므로

$2\alpha+2\beta=$2직각

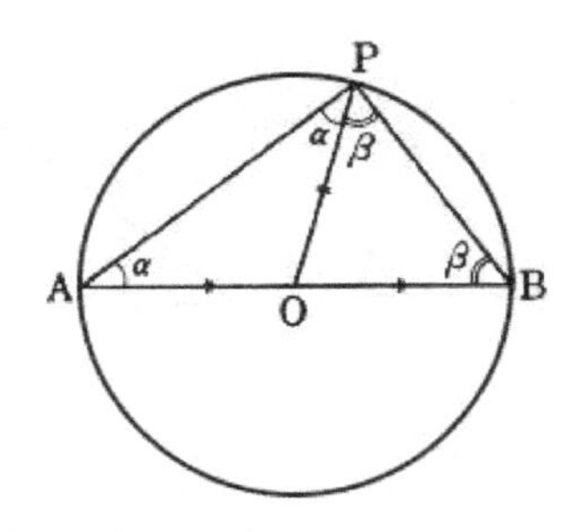


따라서

$\alpha+\beta=$직각

이다. 이 식은 각 APB가 직각이라는 것을 의미하므로 탈레스의 정리가 증명된 셈이다.

따라서 탈레스는 분명히 이 정리의 증명에 사용한

'이등변삼각형의 양 밑각은 서로 같다.'

'삼각형의 내각의 합은 2직각이다.'

라는 두 가지 사항을 잘 알고 있었다는 것이 된다.

## 도랑에 빠진 탈레스

탈레스는 수학뿐만 아니라 천문학에도 정통해 있었다.

어느 날 밤 탈레스는 아름다운 하늘의 별을 바라보며 천문학에 관한 궁리를 하면서 산책을 하고 있었다.

탈레스의 머리에는 하늘의 별과 천문학의 일로 꽉 차 있었기 때문에 그만 발밑을 살피지 못하고 길가의 도랑에 굴러떨어지고 말았다.

가까스로 도랑에서 기어 나온 탈레스를 보고 근처에 있던 어떤 할머니가

'탈레스 선생은 자신의 발밑조차도 모르면서 어떻게 저 먼 하늘의 별에 관한 일을 알고 있을까요?'

라고 비꼬았다고 한다.

이 이야기와 관련해서 생각나는 일은 유명한 독일의 이론물리학자 아인슈타인(A. Einstein, 1879~1955)이 한 말이다.

'세계의 일 중에서 가장 이해하기 힘든 것은 그것을 이해할 수 있다는 사실이다.'

## 일식을 예언

탈레스는 수학뿐만 아니라 천문학에도 뛰어난 실력을 갖고 있었다고 한다. 그는 최초로 일식을 예언한 학자이기도 했다.

'(기원전 585년) 5월 28일에는 대낮인 데도 태양이 갑자기 그 빛을 잃고, 난데없이 밤이 찾아올 것이다.'

하고 예언했다.

그러나 당시의 사람들은 누구 하나 이 말을 믿는 사람이 없었고, 심지어는 탈레스가 미쳐 버린 것이 아닐까 하는 소문마저 퍼졌다.

그런데 어쩌랴! 그 5월 28일 낮에, 태양이 차츰차츰 가장자리서부터 어두워지더니 마침내는 완전히 빛을 잃고, 갑자기 캄캄한 밤이 찾아와 하늘에는 별이 반짝이기 시작했다.

여기서 탈레스를 미치광이로 다루었단 사람들도 새삼스럽게 탈레스의 천문학에 대한 지식의 위대함에 감탄했다고 한다.

그날은 마침 리디아와 메디아라는 두 나라가 한창 전쟁 중이었는데, 탈레스가 예언한 대로 태양이 갑자기 빛을 잃고 밤이 찾아온 것을 본 양군의 대장은

'이것은 틀림없이 우리가 이토록 오랫동안 전쟁을 계속하고 있기 때문에, 필경 신의 노여움을 산 것이 틀림없다.'

라고 생각하여, 양군은 즉시 싸움을 거두고 자기 나라로 되돌아갔다고 한다.

# 피타고라스(Pythagoras, B.C. 580?~500?)

「피타고라스의 정리」로 유명한 피타고라스는 기원전 572년에 그리스의 식민지 사모스섬에서 태어났다. 이 시대는 인도에서는 석가모니가 불교를, 중국에서는 공자(孔子)가 도(道)를 전할 때였다.

## 피타고라스의 소년 시절

피타고라스의 소년 시절에 관한 이야기이다.

어느 날, 피타고라스가 장작을 짊어지고 거리를 거닐고 있었다. 이것을 본 어떤 신사가 그 장작을 쌓은 방법이 하도 교묘해서, 이것은 이 소년이 의식적으로 그렇게 짜임새 있게 쌓아 올린 것인지, 아니면 우연히 그렇게 된 것인지를 알아보려고 그를 불러 세웠다.

'이보게. 대단히 미안하지만 자네가 짊어지고 있는 그 장작

단을 그대로 땅에 풀었다가 다시 지게에 쌓아 줄 수 없겠나?'

하고 말했다.

피타고라스는 별난 사람도 다 있구나 생각하면서 그 신사의 말대로 짊어지고 있던 장작을 쏟았다가 다시 차곡차곡 쌓아 올렸다.

이 소년의 장작 쌓는 솜씨가 하도 교묘한 것에 놀란 신사는 피타고라스에게 물었다.

'어때 자넨 학문을 해 볼 생각이 없는가?'

신사의 격려를 받은 피타고라스는 탈레스의 제자가 되려고 사모스섬을 떠났다고 한다. 또 피타고라스의 스승은 탈레스가 아니고 아낙시만드로스(Ana-ximandros)라는 설도 있다.

어찌 됐던 간에 피타고라스는 스승에게 그때까지 알려져 있던 수학의 지식을 거의 다 배운 다음, 스승의 권고로 이집트로 유학을 떠났다. 오랫동안 이집트에서 유학하던 중 바빌로니아로 갔다고 한다.

## 피타고라스학파

이리하여 꽤 오랫동안 이집트에서의 유학을 마친 뒤 피타고라스는 그의 고향 사모스섬으로 돌아와 그곳에다 학교를 세우려 했으나 뜻을 이루지 못하고 할 수 없이 그리스의 크로톤으로 옮겨가 그 곳에서 학교를 개설했다. 그러나 이것은 학교라고는 하지만 사실은 하나의 교단(教團) 또는 조합(組合)이었으며, 의식(儀式)을 행하고 결속을 굳히는 것이었다.

그리고 이 교단에서는 거기서 배운 것과 거기서 발견된 것을 결코 누설하지 못하게 엄격히 금지하고 있었다. 또 여기서 발견된 모든 것은 오로지 그 창설자인 피타고라스의 발견이라고 일컬어야 했다. 따라서 현재 피타고라스의 발견이라고 되어 있는 것 중 어느 것이 진짜로 피타고라스에 의해서 발견된 것이며, 어느 것이 피타고라스학파(學派)에 의해서 발견된 것인지는 전혀 구별할 수 없다.

피타고라스가 크로톤에다 창설한 이 학교는 한때 매우 번창했으나 마침내는 정치에까지 개입하게 되었고, 그 때문에 반대파의 미움을 사서 결국 학교는 불태워지고 말았다. 피타고라스는 한때 난을 피했으나 기원전 500년쯤에 메타폰티온에서 사망했다.

### 피타고라스의 정리의 발견

유명한 피타고라스의 정리는 다음과 같이 말할 수 있다.

'직각삼각형의 직각을 끼는 두 변 위에 그려진 정사각형 면적의 합은 그 빗변 위에 그린 정사각형의 면적과 같다.'

즉,

'직각삼각형의 직각을 끼는 두 변의 길이를 각각 a, b, 빗변의 길이를 c라고 하면 $a^2+b^2=c^2$이 성립한다.'

피타고라스의 정리는 그 역도 성립한다. 즉,

'삼각형의 세 변의 길이를 a, b, c라고 할 때, 만약 그 사이에 $a^2+b^2=c^2$이라는 관계가 성립한다면 이 삼각형은 c라는 길이의 변에 대한 각이 직각인 직각삼각형이다.'

피타고라스가 이 유명한 정리를 어떤 동기에서 착상했는지에 대해서는 여러 가지로 추측하고 있다.

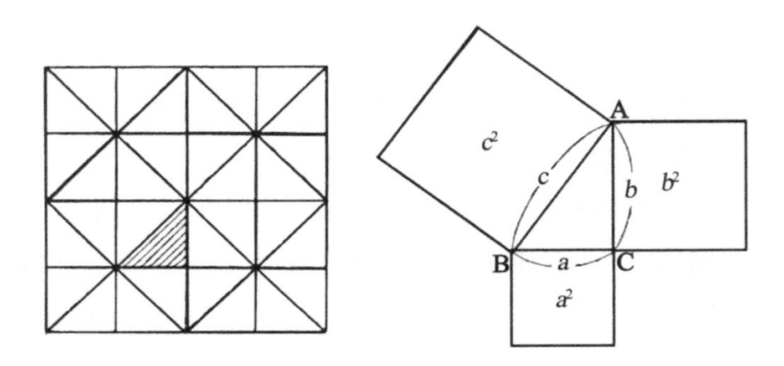


우선, 피타고라스의 정리 자체에 대해서는 다음의 설이 있다. 당시 사원의 지면에 깔고 있던 보도석 등에는 흔히 앞과 같은 그림의 형태를 볼 수 있다. 여기서 빗금을 친 직각삼각형에 착안하기 바란다. 그 직각을 끼는 변위에 그려진 정사각형의 면적은 각각의 보도석 2개 몫, 따라서 그것들을 합한 것은 보도석 4개 몫이다. 한편 빗변 위에 그려진 정사각형의 면적도 보도석 4개 몫이다. 따라서 적어도 이 경우에는 직각삼각형의 직각을 끼는 두 변 위에 그린 정사각형의 면적의 합은 빗변 위에 그린 정사각형의 면적과 같아져 있다.

이상이 이른바 직각이등변삼각형에 대해 성립하고 있는 사실인데, 피타고라스는 이것을 일반적인 직각삼각형에 대해서도 성립하는 것이 아닐까 하고 생각하여 피타고라스의 정리를 착상했으리라는 것이 하나의 추측이다.

피타고라스의 정리의 역에 대해서는 다음의 설이 있다.

이것은 이미 이집트인들이 알고 있었던 일인데, 세 변의 길

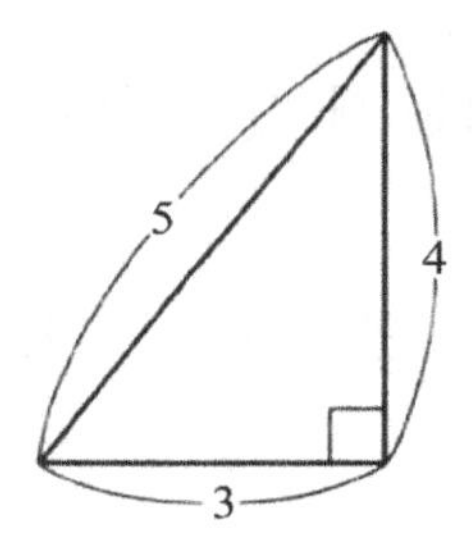


이가 3, 4, 5의 비율인 삼각형을 그리면 5라는 길이의 변에 대한 각은 직각이 된다. 실제로, 이집트인들은 이 사실을 이용하여 지면 위에 직각을 그리고 있었다.

또 이것은 바빌로니아인들이 알고 있었던 일이지만, 세 변의 길이가 각각 5, 12, 13의 비율인 삼각형을 그리면 13이라는 길이에 대한 각이 직각이 된다.

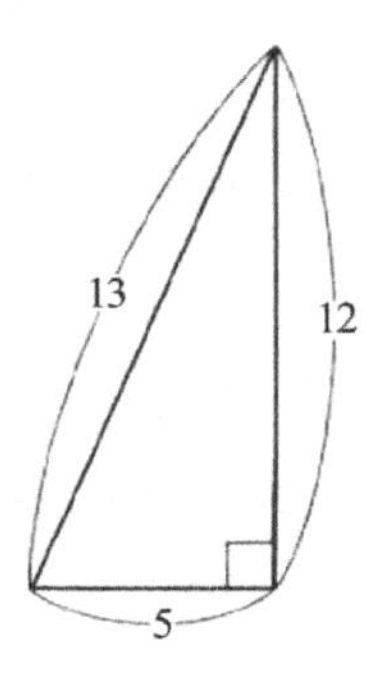


그런데 피타고라스는 오랫동안 이집트에서 유학을 했었으므로 3, 4, 5라는 비율의 길이의 세 변을 가진 삼각형이 직각삼각형이 된다는 것을 알고 있었을 것이다. 또 피타고라스는 바빌로니아에도 갔었다고 하니까 5, 12, 13이라는 비율의 길이의 세 변을 가진 삼각형도 직각삼각형이 된다는 것을 역시 알고

있었을 것으로 생각된다.

그런데 이 3, 4, 5라는 세 수 사이에는

$3^2+4^2=5^2$

이라는 관계가 성립하고 있다. 또 5, 12, 13 세 수 사이에도

$5^2+12^2=13^2$

이라는 관계가 성립해 있다.

이상과 같은 것을 알아챈 피타고라스는 더 일반적으로 a, b, c라는 세 수 사이에

$a^2+b^2=c^2$

이라는 관계가 성립해 있다면 a, b, c를 세 변의 길이로 하는 삼각형을 그리면, c라는 길이의 변에 대한 각은 직각이 되는 것이 아닐까 생각해, 피타고라스의 정리의 역을 착상했으리라는 것이 이 추측이다.

어쨌든 이 훌륭한 정리를 착상해 그 증명에 성공한 피타고라스는

> '내가 이와 같은 훌륭한 정리를 착상하고, 그것의 증명에 성공한 것은 늘 나를 고무하시고 또 지켜주신 학예(學藝)의 신 뮤즈의 덕분이다.'

라고 하여 소 100마리를 이 신에게 바쳤다고 한다. 그러나 피타고라스학파의 사람들은 영혼의 윤회설(輪廻說)을 믿고 있었기 때문에, 피타고라스가 신에게 바친 것은 소 100마리가 아니라 「밀가루로 빚은 소 한 마리」였다는 설도 있다.

## 피타고라스의 정리의 증명

그런데 이 피타고라스의 정리의 증명에 대해서 여러분은 그것을 학교에서 배우고 있을 터이므로 여기서는 좀 별난 증명 몇 가지를 소개하기로 한다.

먼저 인도의 수학자 바스카라(A. Bhaskara, 1114~1185?)는 피타고라스의 정리를 증명하는 데에 다음과 같은 두 개의 그림을 나란히 그려 놓고 그저 '보라!'라고만 말하고 있다.

우선 다음 그림을 잘 살펴보면, 이것은 C를 직각의 꼭짓점으로 하는 직각삼각형 ABC의 빗변 AB 위에 그린 정사각형이다.

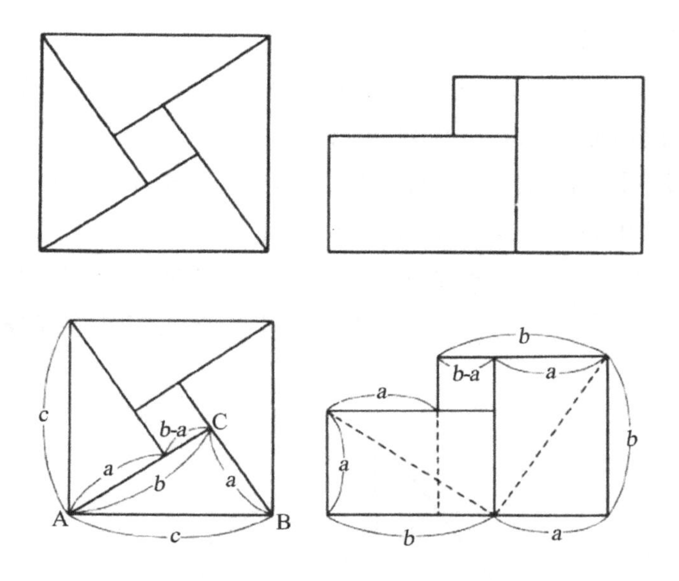


거기서 이 직각삼각형의 세 변의 길이를 그림과 같이 각각 a, b, c라고 하면, 중앙에 생긴 작은 정사각형의 한 변의 길이는

$b-a$

이다.

그런데 앞의 그림에 점선과 같이 빗금을 그으면 이것이 실은 왼쪽 그림, 즉 c를 한 변으로 하는 정사각형을 적당히 잘라서 치환한 것으로 되어 있다는 것을 알 수 있다.

이 그림에다 다시 그림과 같이 세로로 점선을 그으면, 이 그림이 실은 한 변의 길이가 a인 정사각형과 한 변의 길이가 b인 정사각형을 합친 그림이라는 것을 알 수 있다. 이것으로

$c^2=a^2+b^2$

이 되어 피타고라스의 정리가 증명된다.

다음 증명은 일본의 다케베(建部賢私, 1664~1739)와 중국의 매문정(梅文鼎, 1633~1721)이 한 증명이다.

C를 직각꼭짓점으로 하는 직각삼각형을 ABC로 하고 그 세 변을 각각 그림과 같이 a, b, c로 한다.

다음에 그 빗변 AB 위에 정사각형을 그리고, 그것을 그림과 같이 구분하여 1의 부분을 아래의 1의 장소로, 2의 부분을 아

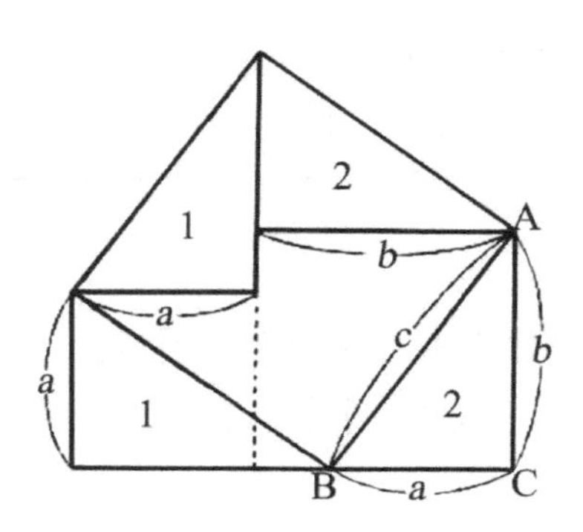

래의 2의 위치로 옮겨 놓았다고 생각하면, 빗변의 위쪽 정사각형은 분명히 a를 한 변으로 하는 정사각형과 b를 한 변으로 하는 정사각형을 합친 그림으로 옮겨 간다. 이것으로

$$c^2=a^2+b^2$$

이 되어서 피타고라스의 정리가 증명된 셈이 된다.

이하 직각삼각형의 직각을 끼는 두 변 위에 그린 정사각형을 적당히 구분하면, 그것들로 빗변 위에 그린 정사각형을 정확히 메울 수 있다고 하는 증명을 몇 가지 그려 보기로 한다.

어느 것도 모두 1을 1로, 2를 2로, …… 옮겨 놓으면 된다는 뜻이다.

피타고라스, 또는 파라고라스학파의 사람들이 남겨 놓은 일 가운데서는, 이 피타고라스의 정리가 너무도 유명하기 때문에, 그 밖의 것들은 그다지 잘 알려져 있지 않은 것 같다. 이제는 피타고라스 또는 피타고라스학파의 사람들이 남겨 놓은 다른 업적에 대해서 이야기해 보자. 먼저 수에 관한 것부터 시작하기로 하자.

## 홀수와 짝수

자연수를 홀수와 짝수로 분류한 것은 피타고라스가 처음이었다고 한다. 물론 2로 나누면 1이 남는 수

1, 3, 5, 7, 9, 11, ……

등이 홀수이고, 2로 나누면 완전히 나누어지는 수

2, 4, 6, 8, 10, 12, ……

등이 짝수이다.

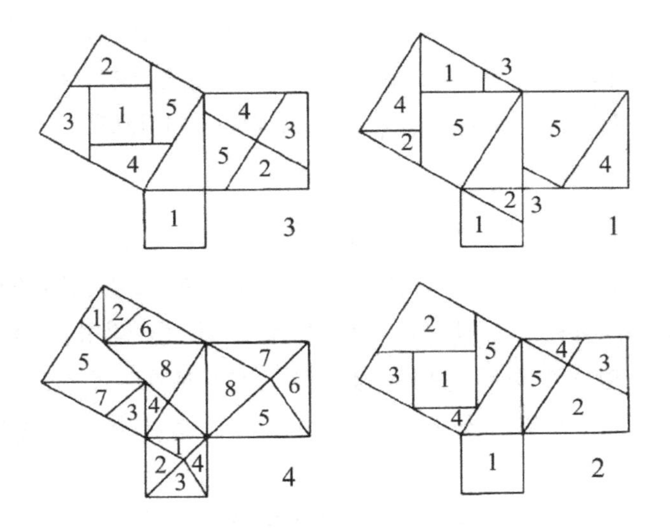


그러나 다음 문제는 어떨까?

홀수의 열

1, 3, 5, 7, 9, 11, ……

에서 이를테면 30번째의 것은 무엇인가? 하는 질문을 받으면 여러분은 어떻게 대답할까?

홀수의 열은

| 첫 번째 | 두 번째 | 세 번째 | 네 번째 | 다섯 번째 | …… |
|---|---|---|---|---|---|
| 1 | 3 | 5 | 7 | 9 | …… |

로 늘어서 있다. 따라서 이 몇 번째라는 번호와 그 번호의 홀수와의 관계를 파악하면 되는 것이다. 여러분은 이 몇 번째라는 번호를 2배 해서 그것으로부터 1을 뺀 것이 그 번호의 홀수로 되어 있다는 것을 알아채지 못했는가? 이것을 알아채면

30번째의 홀수가 무엇이냐는 질문을 받았을 때는 이 30을 2배 하여 60, 그 60에서 1을 빼서 59, 따라서 30번째의 홀수는 59가 된다.

이것을 좀 더 수학적으로 말하면 제n번째의 홀수는

$2n-1$

이다. 라고 하면 된다.

그러면 다음 문제는 어떨까?

짝수의 열,

2, 4, 6, 8, 10, 12, ……

에서 이를테면 35번째의 것은 무엇이냐, 라는 질문을 받으면 어떻게 할까?

짝수의 열은

| 첫 번째 | 두 번째 | 세 번째 | 네 번째 | 다섯 번째 | …… |
|---|---|---|---|---|---|
| 2 | 4 | 5 | 6 | 10 | …… |

으로 늘어서 있다. 이때 이 몇 번째라는 번호와 그 번호의 짝수와의 사이의 관계를 파악하면 되는데, 이것은 앞의 홀수 때보다는 쉬울 것으로 생각된다. 즉 몇 번째라는 그 번호를 2배 한 것이 그 번호의 짝수로 되어 있다. 따라서 35번째의 짝수가 무엇이냐는 질문을 받았을 때는 이 35를 2배 하여 70, 따라서 35번째의 짝수는 70이라고 대답하면 된다.

이것을 좀 더 수학적으로 말하면 제n번째의 짝수는

$2n$

이다, 라고 하면 된다.

## 삼각수

피타고라스학파의 사람들은 수와 도형 사이의 관계를 매우 중요시했다. 따라서 수 가운데서도 단체(單體)라고 불리는 ●를 아름다운 형태로 배열해서 나타낼 수 있는 수에 대해서 매우 큰 관심을 보였다. 삼각수는 그중의 하나이다. 피타고라스학파 사람들은 단체 ●를 그림과 같이 정삼각형의 형태로 배열해서 나타낼 수 있는 수를 삼각수라고 불렀다.

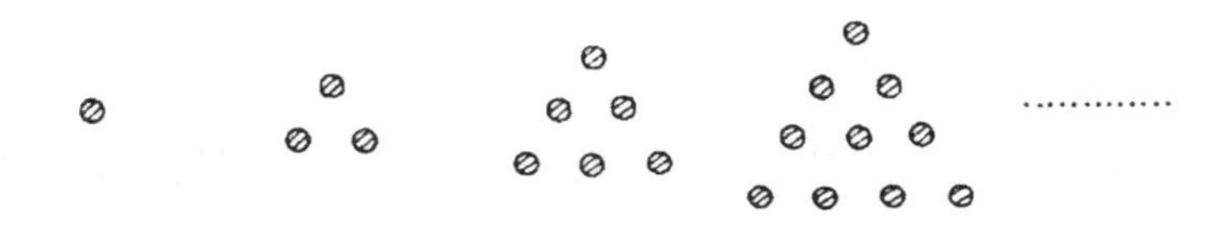

그림으로부터 알 수 있듯이
첫 번째의 삼각수는

1

두 번째의 삼각수는

1+2=3

세 번째의 삼각수는

1+2+3=6

네 번째의 삼각수는

1+2+3+4=10

⋮

으로 되어 있다.

그렇다면 건너뛰어서 일곱 번째의 삼각수는 얼마냐는 질문을 받으면 여러분은 어떻게 할까?

별것 아니다. 앞의 절차를 계속 진행해 나가서

다섯 번째의 삼각수는

1+2+3+4+5=15

여섯 번째의 삼각수는

1+2+3+4+5+6=21

일곱 번째의 삼각수는

1+2+3+4+5+6+7=28

로 하면 일곱 번째의 삼각수가 28이라는 것을 알게 되는 것도 확실히 하나의 방법이지만, 이래서는 더 앞쪽으로 나간 삼각수가 얼마냐는 질문을 받았을 때 난처해진다. 그래서 이쯤에서 무언가 적당한 좋은 방법이 있었으면 싶어진다.

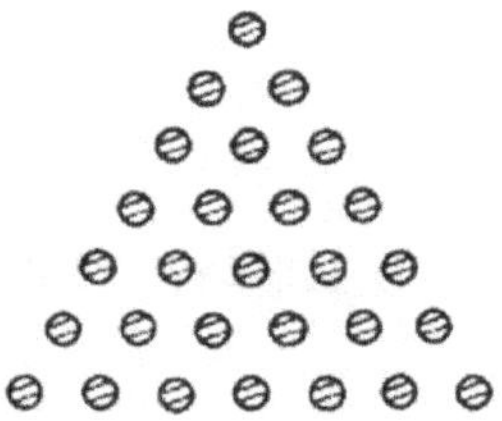

그렇다면 다음과 같은 방법이 있다. 먼저 앞의 일곱 번째의 삼각수의 그림과 같은 것을 또 하나 생각하고, 그것을 역으로 해서 앞 그림에 첨가한다. 그렇게 하면 그림에서는 단체가 세로로

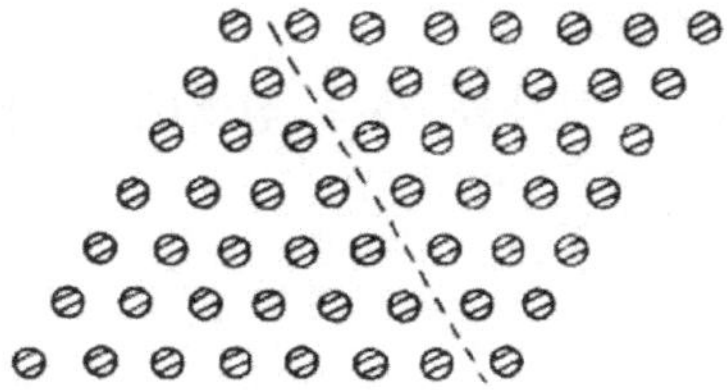

$7$
개이고, 가로에

$7+1$

개가 배열되어 있다. 따라서 전부

$7\times(7+1)=56$

개가 배열되어 있다. 그런데 이것은 일곱 번째의 삼각수의 2배이기 때문에, 일곱 번째의 삼각수는

$\{7\times(7+1)\}\div 2=28$

이 된다.

이상을 좀 더 수학적으로 표현하면 다음과 같다.

제n번째의 삼각수는

$$1+2+3+4+\cdots\cdots+(n-1)+n$$

$$=\frac{1}{2}n(n+1)$$

이다.

## 사각수

앞에서 피타고라스학파의 사람들은 수 가운데서도 단체라고 불리는 ●를 아름다운 형태로 배열하여 나타낼 수 있는 것에 큰 관심을 가졌었다고 말했는데 사각수(四角數)도 그것의 하나이다.

피타고라스학파의 사람들은 단체 ●를 그림과 같이 정사각형의 형태로 배열해서 나타낼 수 있는 수를 사각수라고 불렀다.

그림으로부터 금방 알 수 있듯이

첫 번째의 사각수는

1×1=1

두 번째의 사각수는

2×2=4

세 번째의 사각수는

3×3=9

네 번째의 사각수는

4×4=16

⋮

으로 되어 있다.

그런데 건너뛰어서 아홉 번째의 사각수는 얼마냐는 질문을 받으면 여러분은 어떻게 할까?

이것은 쉬운 문제이다.

$9 \times 9 = 81$

이라고 대답하는 데는 아무 힘도 들지 않는다.

이것을 수학적으로 표현한다면 다음과 같다.

제n번째의 사각수는

$n \times n = n^2$

이다.

### 홀수의 합과 사각수

피타고라스는 다시 홀수를 1에서부터 차례로 더해 가면

$1=1$

$1+3=4$

$1+3+5=9$

$1+3+5+7=16$

$1+3+5+7+9=25$

$1+3+5+7+9+11=36$

⋮

으로 대답이 반드시 사각수가 된다는 사실을 알아냈다. 그리고 이것을 그림을 사용하여 다음과 같이 증명했다.

먼저 최초의 홀수 1을 나타내는 단체를 1개 둔다. 다음에 두 번째의 홀수 3을 나타내는 단체 3개 중 1개는 그 오른쪽에, 1개는 그 오른편 아래쪽에, 1개는 그 바로 밑에다 둔다. 그렇게

하면 그림으로부터

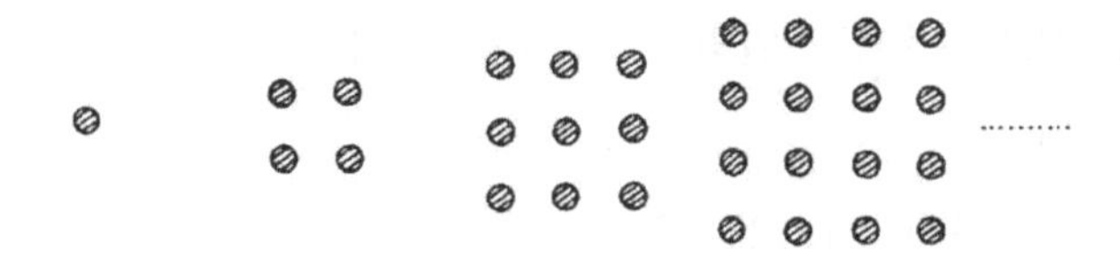

$1+3=2\times2=4$

가 분명하다.

다음에 세 번째의 홀수 5를 나타내는 단체 5개 중, 2개를 이 그림의 오른쪽에, 1개를 그림의 오른편 아래쪽에, 그리고 2개를 그림의 바로 밑에다 둔다. 이렇게 하면 그림으로부터

$1+3+5=3\times3=9$

가 분명하다.

다음에 네 번째의 홀수 7을 나타내는 단체 7개 중 3개를 이 그림의 오른쪽에, 1개를 이 그림의 오른편 아래쪽에, 3개를 이 그림의 바로 밑에 둔다. 이렇게 하면 그림으로부터

$1+3+5+7=4\times4=16$

이 분명해진다.

이런 식으로 진행해 갈 수 있으므로 이것으로 홀수를 1에서부터 차례로 더한 결과가 언제나 사각수가 되는 이유를 알았다.

이상을 수학적으로 표현하면 다음과 같다.

$1+3+5+\cdots\cdots+(2n-1)=n^2$

### 삼각수와 사각수의 관계

피타고라스학파의 사람들은 또 앞에서 말한 삼각수와 사각수 사이의 재미있는 관계도 알았다. 그것은 다음과 같다.

지금 삼각수를

1, 3, 6, 10, 15, 21, 28, 36, ……

으로 차례로 배열해서 그려두고 이것들을 이웃끼리 더해 보면

$$\begin{array}{ccccccccccccccccc} & 1 & & 3 & & 6 & & 10 & & 15 & & 21 & & 28 & & 36 & \cdots \\ 1 & & 4 & & 9 & & 16 & & 25 & & 36 & & 49 & & 64 & & \cdots \end{array}$$

로 되어 언제나 답이 사각수가 된다고 하는 것이다.

이 증명을 잠깐 수학적으로 해 보기로 하자.

우리는 이미 제$n$번째의 삼각수가

$$\frac{1}{2}n(n+1)$$

이라는 것을 알고 있다. 따라서 제$n-1$번째의 삼각수는 여기서 $n$ 대신에 $n-1$을 넣은

$$\frac{1}{2}(n-1)(n-1+1)$$

즉

$$\frac{1}{2}n(n-1)$$

로서 주어진다.

따라서 제$n-1$번째의 삼각수

$$\frac{1}{2}n(n-1)$$

과 제$n$번째의 삼각수

$$\frac{1}{2}n(n+1)$$

을 더한 것을 계산해 보면

$$\frac{1}{2}n(n-1)+\frac{1}{2}n(n+1)=n^2$$

으로 되어 확실히 제$n$번째의 사각수를 얻을 수 있다.

## 완전수

6이라는 수를 생각해 보자. 6의 약수는 1, 2, 3과 6인데, 그 중에서 자기 자신인 6을 뺀 것을 더해 보면

1+2+3=6

으로 최초의 6으로 되어 있다.

또 28이라는 수를 생각해 보자. 그 약수는 1, 2, 4, 7, 14와 28인데, 그중에서 자기 자신인 28을 뺀 것을 더해 보면

1+2+4+7+14=28

로서 최초의 28로 되어 있다.

이들의

6=1+2+3

28=1+2+4+7+14

와 같이 자기가 자기 자신을 제외하는 그 약수의 합이 되어 있는 것과 같은 수를 피타고라스학파 사람들은 완전수(完全數)라고 부르며 그것들을 연구했다.

후에 스위스의 수학자 오일러(L. Euler, 1707~1783)는 완전수를 열심히 연구했다.

완전수의 예를 또 하나 들어 보면

496=1+2+4+8+16+31+62+124+248

이다.

## 친화수

284라는 수를 생각해 보자. 이 284의 약수 중 자신을 제외한 것은

1, 2, 4, 71, 142

인데, 이것들을 더한 것은

1+2+4+71+142=220

이다.

그래서 이번에는 220의 약수 중 자신을 제외한 것을 생각해 보면

1, 2, 4, 5, 10, 11, 20, 22, 44, 55, 110

인데, 그것들을 더한 것은

1+2+4+5+10+11+20+22+44+55+110=284

가 되어 최초의 수 284이다.

284=1+2+4+5+10+11+20+22+44+55+110

220=1+2+4+71+142

와 같이 a의 자기 자신을 제외하는 약수의 합이 b와 같고, b의 자기 자신을 제외하는 약수의 합이 a와 같은 2개의 수 a와 b를, 피타고라스학파 사람들은 친화수(親和數)라고 부르며 이것을 연구했다.

앞에서 말한 오일러는 이와 같은 친화수의 짝을 61벌이나 들고 있다.

다음은 그러한 두 가지 예이다.

a=18416 b=17296

a=9437056 b=9363584

## 피타고라스의 수

앞에서도 나왔듯이 3, 4, 5라는 3개의 자연수는

$3^2+4^2=5^2$

이라는 관계를 만족하고 있다.

또 5, 12, 13이라는 자연수는

$5^2+12^2=13^2$

이라는 관계를 만족하고 있다.

일반적으로 만약 a, b, c라는 3개의 자연수가

$a^2+b^2=c^2$

이라는 관계를 만족하고 있으면 우리는 a, b, c를 피타고라스의 수라고 부르기로 한다.

피타고라스는

'피타고라스의 수는 〔전부에 어떤 같은 수를 곱해서 얻는 당연한 것을 제외하더라도〕 무수히 있다.'

라는 것을 증명했다. 여기에 〔전부에 어떤 같은 수를 곱해서 얻는 당연한 것을 제외하더라도〕라는 단서는 다음과 같은 뜻이다.

우리는 3, 4, 5라는 3개의 자연수가 피타고라스의 수라는

것, 즉 이들이

$$3^2+4^2=5^2$$

을 만족한다는 것을 알고 있다. 그렇다면 이 3, 4, 5 전부에 같은 수 2를 곱해서 얻는 6, 8, 10도

$$6^2+8^2=10^2$$

을 만족하고, 3, 4, 5 전부에 같은 수 3을 곱해서 얻는 9, 12, 15도

$$9^2+12^2=15^2$$

을 만족할 것이 명백하다.

이런 식으로 계속해 나가면 3, 4, 5라는 3개의 피타고라스의 수에서 출발하여 무한히 많은 피타고라스의 수를 이끌어 낼 수 있다.

괄호 속의 단서는 이렇게 해서 얻는 당연한 것을 제외하더라도 피타고라스의 수의 조합은 무수히 있다는 뜻이다.

그런데 피타고라스는 피타고라스의 수들을 발견하는 데에, 앞에서 증명한 홀수의 합의 공식을 사용한다.

먼저

$$1+3+5+7=4^2$$

$$1+3+5+7+9=5^2$$

이라는 2개의 식을 봐주기 바란다. 이 제1식을 제2식에 대입하여 $9=3^2$이라는 것에 주의하면

$$4^2+3^2=5^2$$

이 되어서 우리는 3, 4, 5라는 피타고라스의 수를 얻게 된다.

그러나 이것은 우리가 이미 잘 알고 있는 피타고라스의 수이다.

그래서 이번에는

$1+3+5+ \cdots\cdots +23=12^2$

$1+3+5+ \cdots\cdots +23+25=13^2$

이라는 2개의 식을 살펴보자. 제1식을 제2식에 대입하여 $25=5^2$이라는 것에 주의하면

$12^5+5^2=13^2$

이 되어 5, 12, 13이라는 피타고라스의 수를 얻는다. 그러나 이것도 이미 알고 있는 피타고라스의 수이다.

그래서 이번에는

$1+3+5+7+ \cdots\cdots +47=24^2$

$1+3+5+7+ \cdots\cdots +47+49=25^2$

이라는 2개의 식을 보자. 제1식을 제2식에 대입하여 $49=7^2$이라는 것에 주의하면

$24^2+7^2=25^2$

이 되어 7, 24, 25라는 피타고라스의 수를 얻는다. 이것은 적어도 우리가 지금까지 몰랐던 새로운 피타고라스의 수이다.

이 방법을 계속해 나가면 얼마든지 피타고라스의 수를 발견할 수 있다. 이를테면

$40^2+9^2=41^2$

$60^2+11^2=61^2$

$84^2+13^2=85^2$

$112^2+15^2=113^2$

$144^2+17^2=145^2$

$180^2+19^2=181^2$

$220^2+21^2=221^2$

$264^2+23^2=265^2$

이라는 식이다.

## 제곱근 2

한 변의 길이가 1인 정사각형에 1개의 대각선을 긋고, 이것을 2개의 직각삼각형으로 나누어 그 대각선의 길이를 $x$라고 한다.

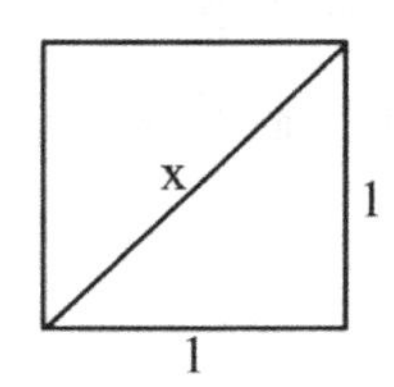


이때 생긴 직각삼각형의 하나에 피타고라스의 정리를 적용하면

$1^2+1^2=x^2$

따라서

$x^2=2$

가 된다. 그리고 이것에서부터

$x=\sqrt{2}$

가 얻을 수 있다.

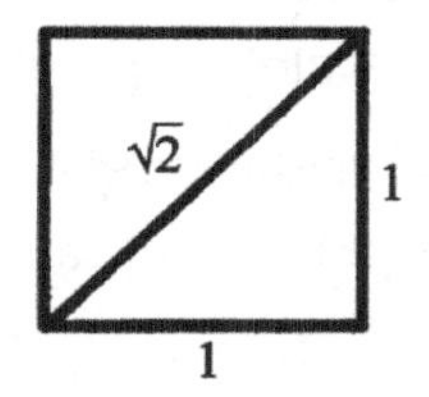


피타고라스학파의 사람들은 직선이라는 것은 그 이상 분할할 수 없는 점이 배열해서 이루어져 있는 것이라고 생각하고 있었기 때문에, 이 대각선 위에 배열되어 있는 점의 수를 p, 한 변 위에 배열되어 있는 점의 수를 q라 하면 $\sqrt{2}$와 1의 비, 즉 $\sqrt{2}$는

$$\sqrt{2} = \frac{p}{q}$$

로서, 분자와 분모가 모두 정수인 분수의 형태로 쓸 수 있는 것이라고 확신하고 있었다.

그런데 피타고라스학파의 사람들은 이 $\sqrt{2}$라는 수가 사실은 분자와 분모가 모두 정수인 분수의 형태로는 적을 수 없는 수라는 것을 발견했던 것이다.

이것의 증명은 교과서에도 나와 있으므로 여러분도 한 번쯤은 학교에서 배웠을 것이다.

지금까지는 정사각형의 대각선의 길이와 그 한 변의 길이의 비는, 분자와 분모가 모두 정수인 분수의 형태로 적을 수 있다고 단정하고 있었기 때문에, 그것이 실은 분자와 분모가 모두 정수인 형태로는 적을 수 없는 수라는 것을 발견했을 때 피타고라스학파 사람들의 충격은 말할 수 없이 컸을 것이라고 생각된다.

피타고라스학파의 사람들은 「우리는 모두가 협력해서 공동으로 연구하고 있으므로, 우리가 얻은 결과는 절대로 외부에 누설해서는 안 된다」라는 약속이 있었기 때문에, $\sqrt{2}$ 라는 수는 분자와 분모가 모두 정수인 분수의 형태로는 적을 수 없는 수라는 결과도 물론 외부로 새나가게 해서는 안 되는 일이었다.

이것을 외부로 누설해 버렸던 피타고라스학파의 어떤 사람은 공교롭게도 그가 탔던 배가 난파하여 익사하는 비운을 당했다는 말이 전해지고 있다.

그런데, p와 q를 정수로 하여, p와 q의 비가 되는 수,

$$\frac{p}{q}$$

는 비(比, ratio)가 되는 수라는 의미에서 rational number라고 불렸다. 그러나 rational이라는 글자에는 본래 이유가 있는, 조리에 닿는다는 뜻이 있었기 때문에 이 rational-number는 유리수(有理數)라고 번역되었다.

또 $\sqrt{2}$ 와 같이 정수와 정수의 비의 형태로는 쓸 수 없는 수는, 비가 될 수 없는 수라는 의미에서 ir-ra-tio-nal number라 불렸다. 그런데 이 irrational이라는 단어에는 본래 조리에 닿지 않는, 무리한 것이라는 의미가 있었기 때문에 이 irrational number는 무리수(無理數)라고 번역되었다. 따라서 $\sqrt{2}$ 는 하나의 무리수이다.

## 삼각형의 내각의 합

앞에서 탈레스는

'삼각형의 내각의 합은 2직각이다.'

라는 정리를 알고 있었던 것이 틀림없다고 말했는데, 탈레스가 이 정리에 대해 어떤 증명을 해 주었는지는 전해지지 않고 있다.

그러나 피타고라스학파 사람들은 이 정리에 대해서 다음과 같은 증명을 주었다고 말하고 있다.

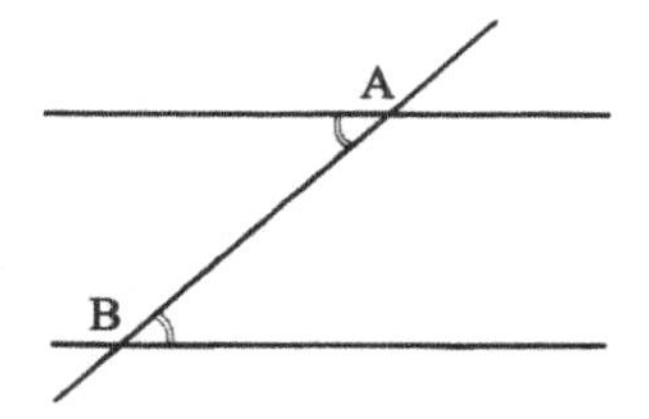


이 증명은 평행선의 성질을 사용한다. 2개의 직선에 제3의 직선이 교차해 있을 때 그림의 표시를 한 두 각을 서로 착각(錯角)이라고 하는데, 이 증명에는

'한 쌍의 평행선에 제3의 직선이 교차하고 있을 때, 거기에 생기는 한 쌍의 착각은 같다.'

라는 성질을 사용한다.

지금 여기에 하나의 삼각형 ABC가 주어져 있다고 하고, 꼭짓점 A를 통해서 밑변 BC에 평행인 직선을 그으면, 그림의 표시를 한 각끼리는 위에서 말한 정리에서의 착각이며 따라서 같

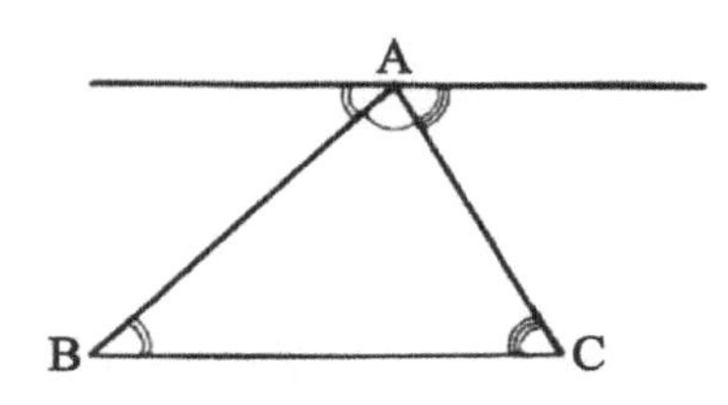

아진다.

그림을 보면 삼각형 ABC의 세 내각은 모두 꼭짓점 A인 곳에 집중되어 있고 그 합이 2직각이라는 것이 분명하다.

## 황금분할

피타고라스학파의 사람들은 다음의 문제에 관심을 보였다.

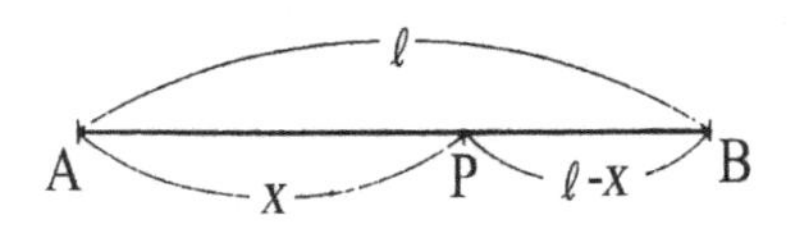


지금 여기에 하나의 선분 AB가 주어져 있을 때 그 위에 한 점 P를 취하여

$$\frac{AB}{AP} = \frac{AP}{PB}$$

가 성립되게 하라는 문제이다. 선분 AB를 이 식이 성립되도록 두 부분으로 나누는 것은 후세에 와서 이른바 황금분할(黃金分割)이라고 불리고 있다.

지금 AB의 길이를 $\ell$, AP의 길이를 $x$로 하여 이 식을 고쳐 쓰면

$$\frac{\ell}{x} = \frac{x}{\ell - x}$$

즉

$$x^2 + \ell x - \ell^2 = 0$$

이 되므로 이것으로부터 $x$를 구하면

$$x = \frac{\sqrt{5}}{2}\ell - \frac{1}{2}\ell$$

이 된다.

이것으로부터 피타고라스학파의 사람들은 다음과 같은 황금 분할의 작도법을 발견했다.

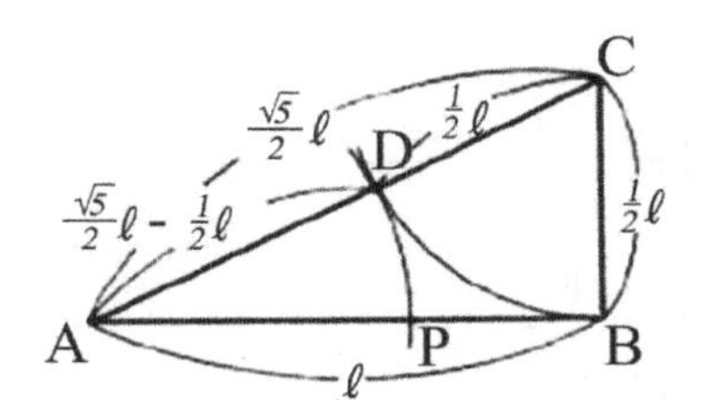


먼저 선분 AB의 끝 B에서 이것에 수직선을 세우고, 그 위에 BC의 길이가 $\frac{1}{2}\ell$ 이 되게 점 C를 취한다. 그렇게 하면 선분 AC의 길이는 피타고라스의 정리에 의해서

$$AC = \sqrt{\ell^2 + \left(\frac{1}{2}\ell\right)^2}$$

$$= \frac{\sqrt{5}}{2}\ell$$

로 된다. 따라서 C를 중심으로 하고 CB를 반지름으로 하는 원과 AC와의 교차를 D라고 하면

$$AD = \frac{\sqrt{5}}{2}\ell - \frac{1}{2}\ell$$

이 된다. 따라서 A를 중심으로 해서, AD를 반지름으로 하는 원과 AB와의 교점을 P라고 하면

$$AP=\frac{\sqrt{5}}{2}\ell-\frac{1}{2}\ell$$

로 되어서 P가 구하는 점이 된다.

제곱근 5를 표에서부터 구하면

$$\sqrt{5}=2.236\cdots\cdots$$

이므로

$$AP=\left(\frac{\sqrt{5}}{2}-\frac{1}{2}\right)\ell$$
$$=0.618\ \cdots\cdots\cdots\ \ell$$

이 된다. 이것으로부터

$$AB : AP=AP : PB$$
$$≒0.618 : 0.382$$

가 된다. 이 비는 후세에 와서 황금비율이라 일컬어지고 있다.

필자는 그 이유를 알지 못하지만, 선분을 두 부분으로 나눈다고 할 때 황금분할로 나누는 것이 가장 아름다운 분할방법이며, 두 선분의 비율을 생각할 때 이 황금비율로 되어 있는 비율이 가장 아름답다고 한다.

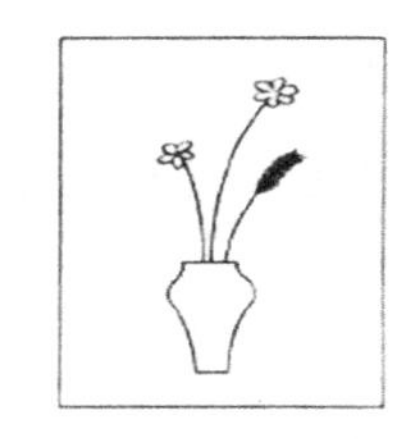

이를테면 머리를 커트할 때는 황금분할로 하는 것이 가장 아

름다우며 그림을 넣는 액자의 세로와 가로의 비율이 이 황금비율로 되어 있을 때 가장 안정감이 있다고 한다.

## 정오각형의 작도

피타고라스학파의 사람들은 모두 그림과 같은 성형(星形)정오각형 표지를 가슴에 달고 있었다고 한다. 이것은 피타고라스학파의 사람들이 정오각형의 작도법을 발견했고, 그것을 크게 자랑으로 생각하고 있었기 때문이라고 생각된다.

그들은 먼저 ABCDE를 정오각형으로 하고, 대각선 AD와 CE의 교점을 P라고 하면,

'점 P는 대각선 AD를 황금분할한다.'

는 것을 알아냈다. 즉

$$\frac{AD}{AP}=\frac{AP}{PD}$$

라는 것에 착안했다.

지금 이 정오각형의 한 변의 길이를 $\ell$로 하면, AP는 $\ell$과 같아지므로 AD의 길이를 $x$로 하면

$$\frac{x}{\ell}=\frac{\ell}{x-\ell}$$

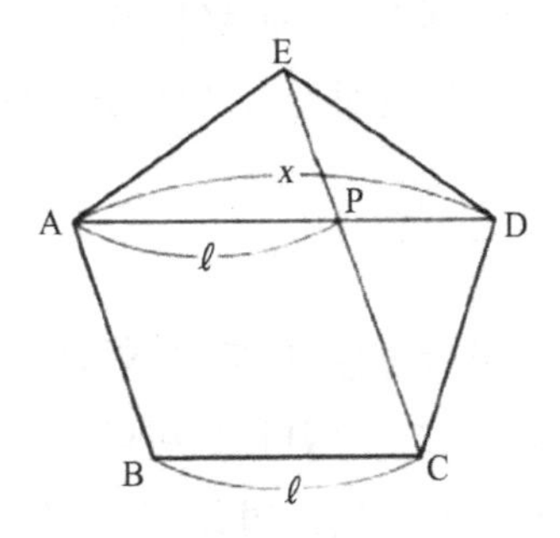


따라서

$$x^2 - \ell x - \ell^2 = 0$$

이 된다. 이차방정식에서 양수인 $x$를 구하면

$$x = \frac{\sqrt{5}}{2}\ell + \frac{1}{2}\ell$$

이 된다. 이것은 한 변의 길이가 $\ell$인 정오각형의 대각선의 길이를 보여 주는 공식이다. 이것으로부터 피타고라스학파 사람들은 한 변의 길이가 주어졌을 때, 다음과 같이 정오각형을 작도했다.

지금 길이 $\ell$의 선분 BC 위에 정오각형을 그린다고 하고,

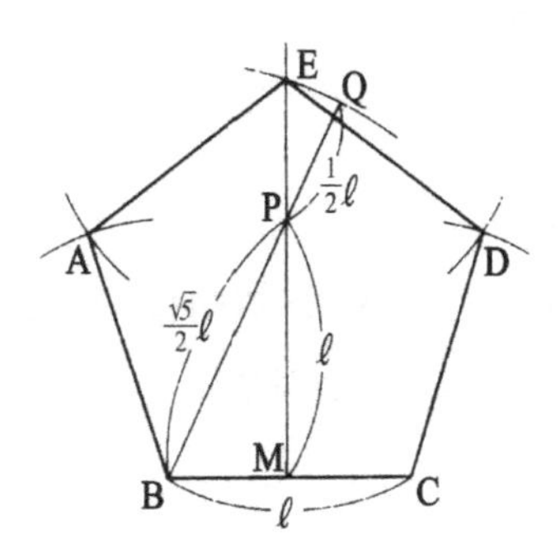

선분 BC의 중앙점 M에서 이것에다 수직선을 세우고, 그 위에 BC의 길이와 같게 MP를 취한다. 그렇게 하면 피타고라스의 정리에 의해서

$$BP = \frac{\sqrt{5}}{2}\ell$$

이 된다. 그래서 BP의 연장 위에 $\frac{1}{2}\ell$에 같아지도록 PQ를 취하면

$$BQ = \frac{\sqrt{5}}{2}\ell + \frac{1}{2}\ell$$

로 된다. 이것은 바로 구하는 정오각형의 대각선의 길이가 된다.

그래서 B를 중심으로 하고 BQ를 반지름으로 하는 원과 MP의 연장과의 교점을 E라고 하면, E는 구하는 정오각형의 꼭짓점의 하나이다.

따라서 B를 중심으로 하여 $\ell$을 반지름으로 하는 원과 E를 중심으로 하여 $\ell$을 반지름으로 하는 원과의 교점의 하나를 A, C를 중심으로 하여 $\ell$을 반지름으로 하는 원과 E를 중심으로 하여 $\ell$을 반지름으로 하는 원과의 교점의 하나를 D라고 하면, 여기에 만들어진 오각형 ABCDE는 구하는 정오각형이 된다.

### 타일을 까는 문제

앞에서 피타고라스는 사원의 마룻바닥 등에 깔린 타일을 보고서 피타고라스의 정리를 착상했던 것이 아닐까 하는 이야기를 한 적이 있는데, 피타고라스학파의 사람들은 타일을 까는 문제라고 불리는 다음 문제도 생각하고 있다. 즉

'똑같은 모양, 같은 크기의 정다각형 타일을 같은 점으로 몇 개씩 모아 가면서 바닥 전체를 빈틈없이 깔았으면 한다. 어떤 정다각형 타일을 사용할 수 있을까?'

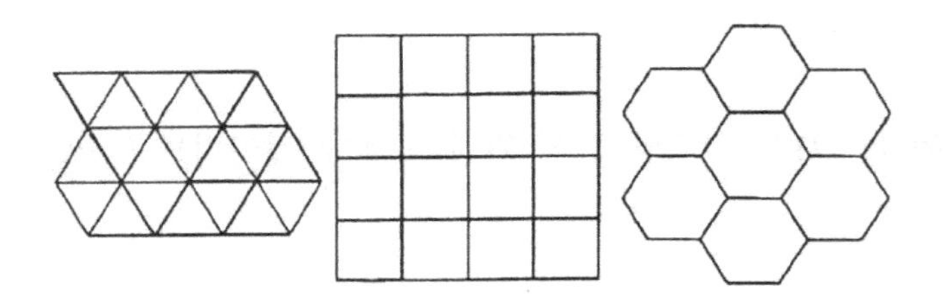

이 문제에 대해서 피타고라스학파의 사람들이 발견한 답은 다음과 같다.

'똑같은 모양, 같은 크기의 정다각형 타일을 같은 점에 몇 개씩 모아 가면서 빈틈없이 깔 수 있는 것은 정삼각형, 정사각형 또는 정육각형의 타일을 썼을 때뿐이다.'

사실 이것들을 사용하면 위의 그림과 같이 마룻바닥을 빈틈없이 꽉 깔 수가 있다.

## 다섯 종류의 정다면체

이집트사람들은 정사면체, 정육면체, 정팔면체라는 세 종류의 정다면체를 알고 있었다. 따라서 이집트에 오랫동안 유학을 했던 피타고라스는 이들 정다면체에 관해서도 배웠을 것이라고 생각된다.

그런데 피타고라스학파의 사람들은

'정사면체, 정육면체, 정팔면체 이외에도 정다면체가 있는가?'

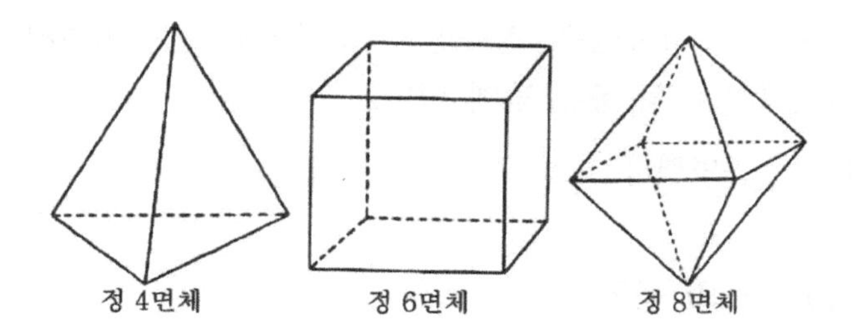
정 4면체 정 6면체 정 8면체

라는 문제를 생각했다.

그리고 그들은

'정다면체에는 정사면체, 정육면체, 정팔면체 외에도 정오각형을 12개 모아서 만든 정십이면체와 정삼각형을 20개 모아서 만든 정이십면체가 있다.'

는 것을 발견했다.

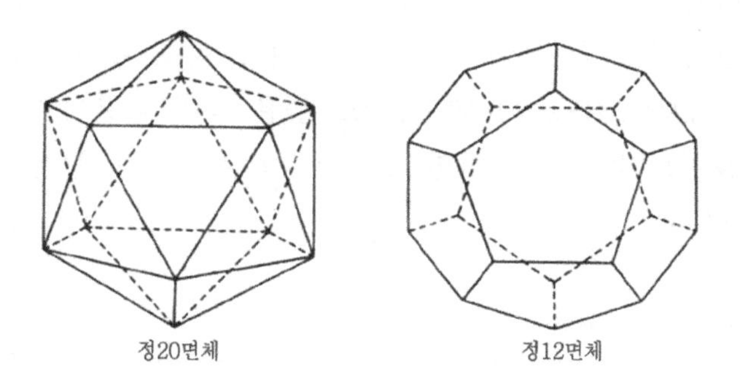
정20면체 정12면체

앞에서도 말했듯이 이런 종류의 발견을 외부에 누설하는 것을 피타고라스학파에서는 엄격히 금지하고 있었는데, 이것을 외부에 누설시킨 어떤 피타고라스학파의 한 사람은 비참한 죽음을 당했다고 전해지고 있다.

피타고라스학파의 사람들은 또

'정다면체는 정사면체, 정육면체, 정팔면체, 정십이면체, 정이십면체의 다섯 종류 밖에 없다.'

는 사실도 증명했다.

## 피타고라스와 음악

전설상으로 피타고라스는 음악가로도 알려져 있다. 그러나 피타고라스와 음악이라는 화제는 잘 알려져 있지 않으므로, 이 이야기를 좀 자세히 말해 보기로 한다.

우선, 피타고라스는 음악에 관해서 다음의 사실을 발견했다. 지금 어떤 길이의 현(弦)을 팽팽하게 하여 소리를 내고, 다음에 그 현의 길이를 먼저의 2/3로 하여 소리를 내게 하면 본래의 음보다 5도가 높은 음이 나온다. 즉 본래의 음이 "도"의 음이라고 하면 그보다 5도가 높은 "솔"의 음이 나온다. 다음에는 다시 현의 길이를 본래의 1/2로 하여 소리를 내면, 이번에는 본래의 음보다 8도, 즉 한 옥타브 높은 음이 나온다. 즉 본래의 음을 "도"음이라고 하면 그보다 한 옥타브가 높은 "도"의 음이 나온다.

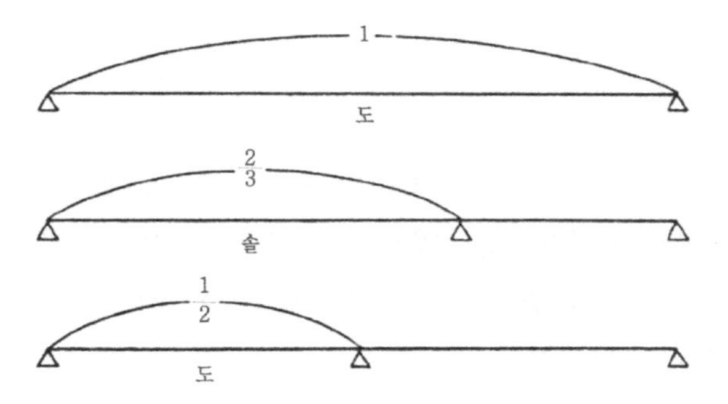

물론 이렇게 해서 얻는 "도", "솔" 그리고 최초의 "도"보다 한 옥타브 높은 "도"의 세 가지는 매우 잘 조화된다.

그런데 현의 길이의 비율이

$1 \quad \frac{2}{3} \quad \frac{1}{2}$

의 비율이라는 것은 이 현이 내는 음의 진동수의 비율이 이들의 역수

$1 \quad \frac{3}{2} \quad 2$

의 비율이 된다는 것이다.

여기서 피타고라스는 이들의 1, 3/2, 2에 있어서는 최초의 1에 1/2을 더하면 그다음의 3/2, 그 3/2에 다시 같은 1/2을 더하면 다음의 2를 얻을 수 있다는 것을 발견했다. 즉 1, 3/2, 2라는 3개의 수는 이른바 등차수열(等差數列)로 되어 있다는 것을 알았다.

그래서 피타고라스는

$1 \quad \frac{2}{3} \quad \frac{1}{2}$

과 같이 그 역수

$1 \quad \frac{3}{2} \quad 2$

가 등차수열이 되는 수를 조화수열(調和數列)이라고 불렀다. 이와 같이 우리가 배운 조화수열의 조화라는 말은 사실 음의 조화에서 유래한 말이다.

그런데 이 피타고라스의 발견을 진동수로 고쳐 말하면 다음과 같이 된다. 즉

'진동수를 본래의 3/2배로 하면 5도가 높은 음을 얻는다.'

이것을 역으로 말하면

'진동수를 본래의 2/3배로 하면 5도가 낮은 음을 얻는다.'

는 것이 된다. 또

'진동수를 본래의 2배로 하면 한 옥타브가 높은 음을 얻는다.'

이것을 거꾸로 말하면

'진동수를 본래의 1/2로 하면 한 옥타브가 낮은 음을 얻는다.'

이런 조작을 바탕으로 만들어진 음계(音階)를 "피타고라스의 음계"라고 부르는데, 지금 "도"에서부터 시작하여, 이 조작만으로 어떤 음을 얻을 수 있는지를 조사해 보자.

먼저 "도" 음에서부터 시작해 그 진동수를 3/2배로 하면 "도"보다 5도가 높은 음 "솔"을 얻는다.

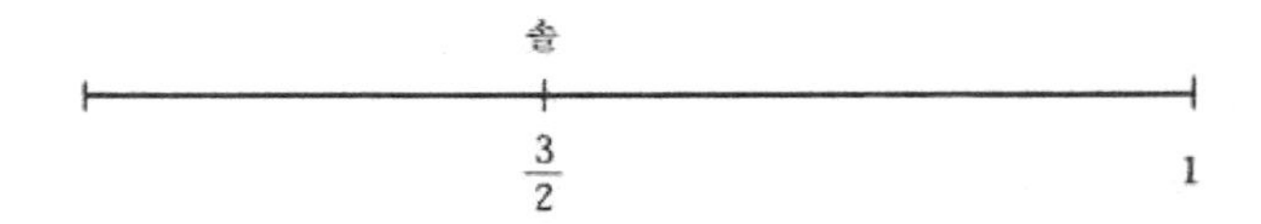


다음에 "도"의 음에서부터 시작해 그 진동수를 2배로 하면 본래의 "도"보다 한 옥타브가 높은 음 "도"를 얻는다.

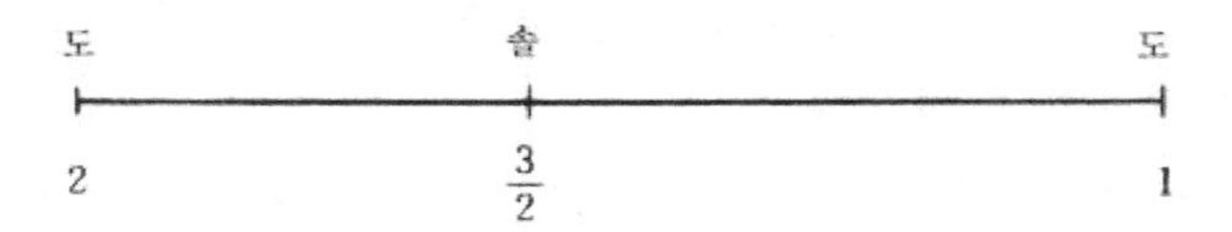


다음에는 "솔"의 음, 즉 진동수가 최초의 "도"의 음의 진동수

의 3/2배인 음에서부터 시작해 그 진동수를 다시 한번 3/2배 하여 결국 $\frac{3}{2}\times\frac{9}{4}$배로 하면 "레"를 얻는다.

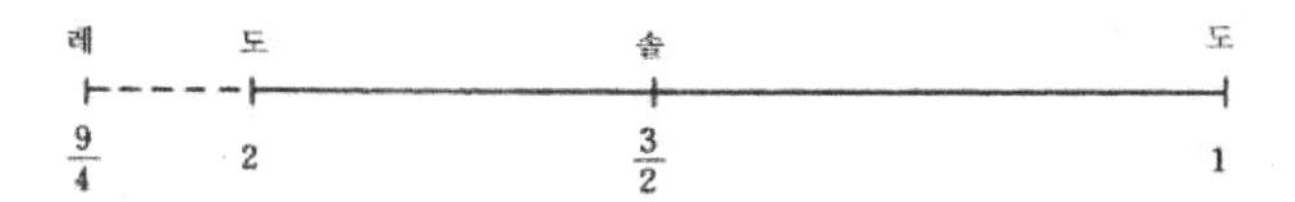


그러나 이 "레" 음은 그림이 가리키고 있듯이 최초의 "도"보다 한 옥타브가 높은 "도"보다도 더 높은 "레"이다. 그래서 이 "레"의 진동수 9/4를 1/2로 하여 한 옥타브를 내리면, 진동수가 최초의 "도" 음의 9/8인 "레"를 얻는다.

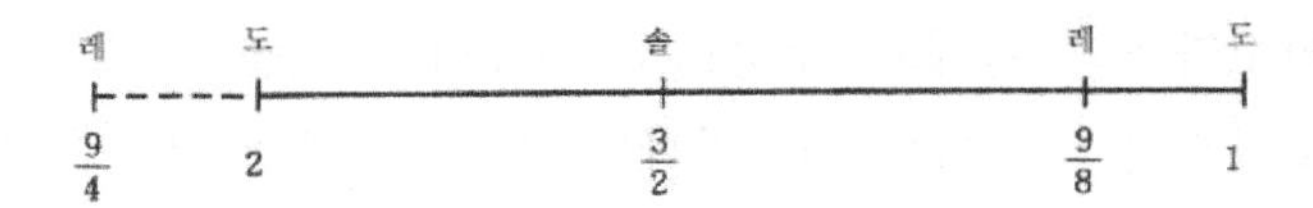


다음에는 한 옥타브가 높은 "도" 음을 5도 내려 본다. 그러려면 한 옥타브가 높은 "도" 음의 진동수를 2/3배 하면 되므로, 최초의 "도"에서부터 말하면, 최초의 "도"의 진동수를 2배 하여 다시 2/3배 하는 것이 되므로, 결국 4/3배를 하는 것이 된다. 이리하여 "파"의 음을 얻는다.

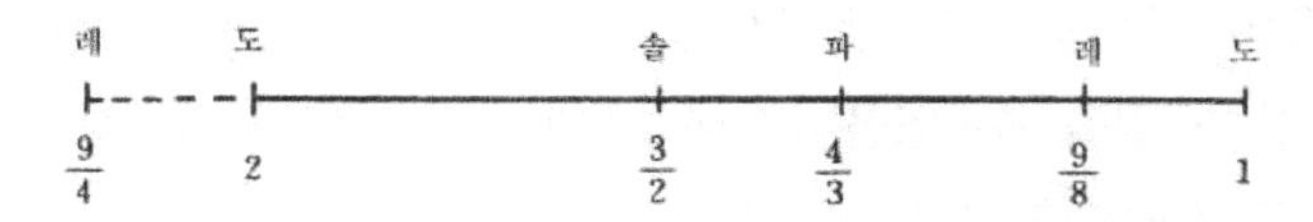


이와 같이 「5도를 올린다」, 「5도를 내린다」, 「한 옥타브를 올린다」, 「한 옥타브를 내린다」라는 조작을 반복해서 만든 음계를 「피타고라스의 음계」라고 하는데, 위의 방법을 계속하면

다음의 음계를 얻는다.

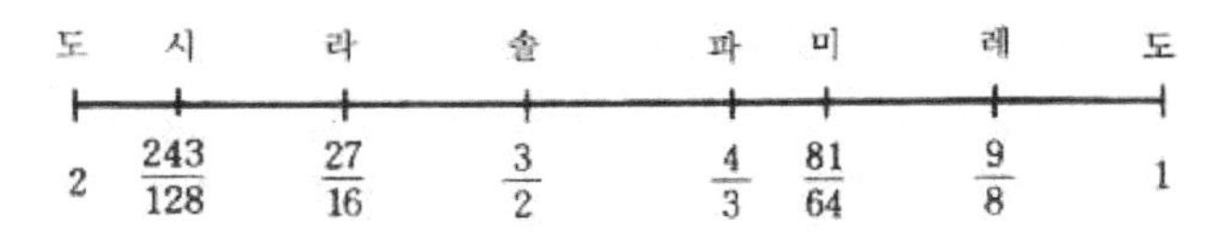


이 그림으로 알 수 있듯이 이 방법을 반복하는 것만으로는 이른바 순정조(純正調)의 도레미파솔라시도는 얻을 수 없다.

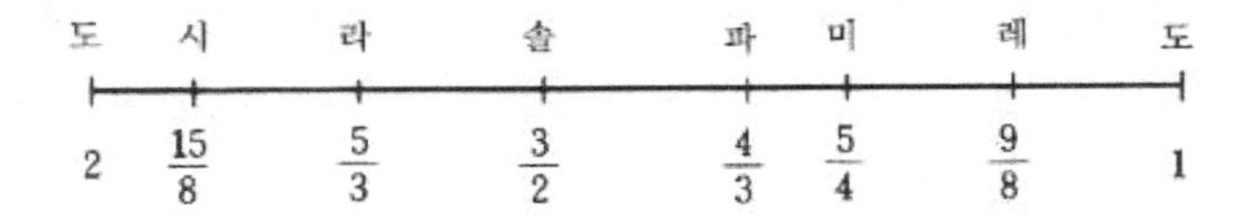


피타고라스의 음계와 순정조의 음계의 차이를 보기 위해서 피타고라스의 생각에다 또 하나의 생각을 덧붙여서 순정조의 음계를 만들어 보기로 하자.

먼저, 최초의 "도"에서부터 출발해 그 진동수를 2배 하면 그보다 한 옥타브가 높은 "도" 음을 얻는다.

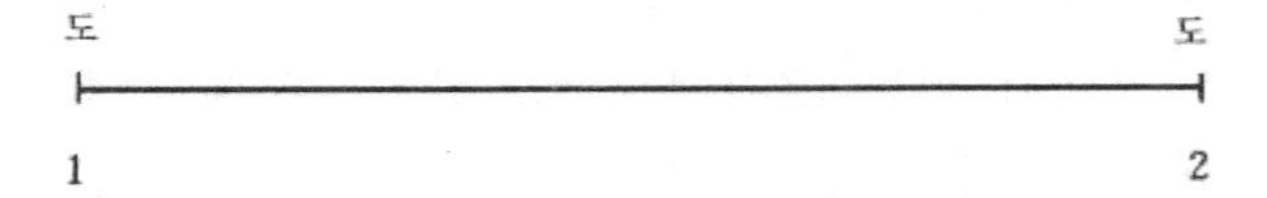


다음에 최초의 "도" 음에서부터 출발해 그 진동수를 3배하면 어떤 음을 얻을 수 있을까? 이 음이 어느 음인가를 알기 위해서는 그 진동수를 1/2로 하여 한 옥타브를 내려 보면 된다. 그렇게 하면 진동수는 본래의 3/2배이므로 이것은 피타고라스가 알고 있던 "솔"의 음이다.

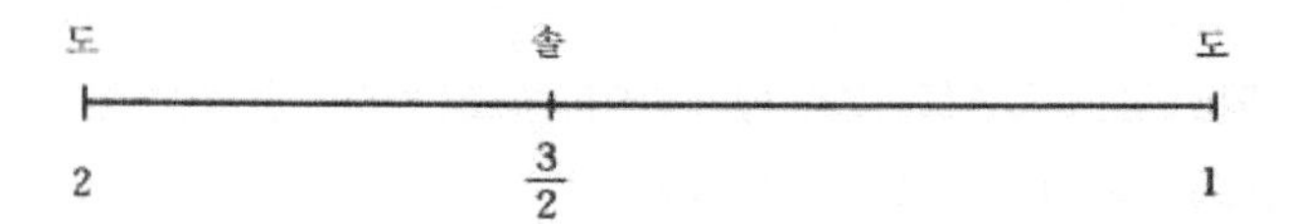


다음에는 최초의 "도"의 음에서부터 출발해 그 진동수를 4배로 하면 어떤 음을 얻을 수 있을까? 이것은 최초의 "도" 음의 진동수를 2배로 하여 다시 2배 한 것으로 되어 있으므로, 최초의 "도"의 음보다 두 옥타브가 높은 "도" 음이 된다.

다음에 최초의 "도" 음에서부터 출발해 그 진동수를 5배로 하면 어떤 음을 얻을 수 있을까? 이 음이 어떤 음인가를 알려면 그 진동수를 1/4로 하여, 두 옥타브를 내려 보면 된다. 그렇게 하면 진동수는 본래의 음의 5/4가 된다. 이것은 실은 "미"의 음이다.

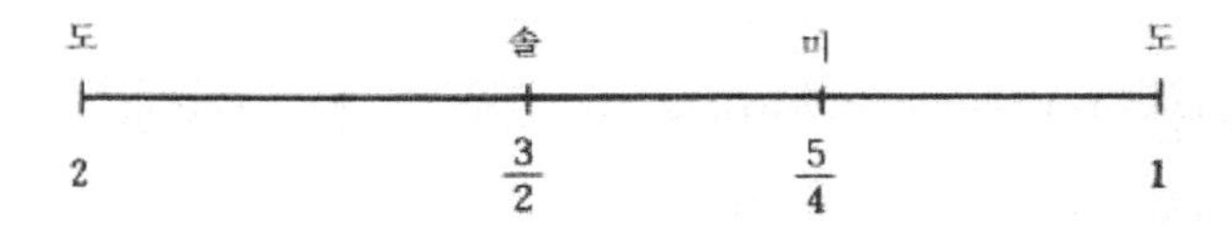


그러면 여기서 피타고라스의 생각을 사용해 이 "미" 음을 5도 높여 보기로 한다. 5도를 올리기 위해서는 그 진동수를 3/2로 하면 되므로, 5/4를 3/2배 하여 15/8, 즉 진동수가 본래의 "도" 음의 15/8의 음을 얻는다. 이것은 실은 "시"의 음이다.

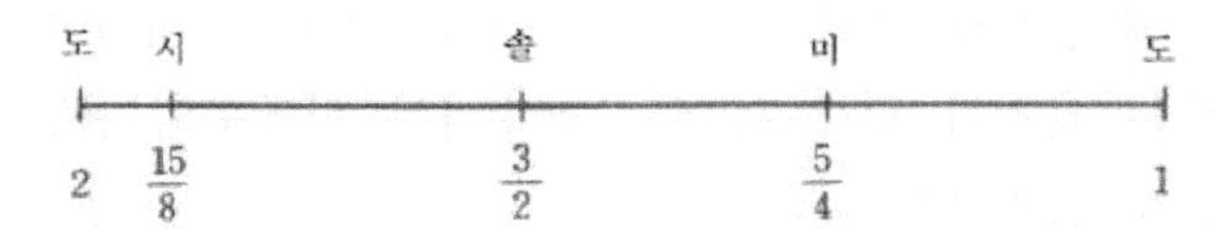


다음에는 마찬가지로 피타고라스의 생각을 사용해 이 "미"음

을 5도 내려 본다. 5도를 내리기 위해서는 그 진동수를 2/3배 하면 되므로, 5/4를 2/3배 하여 5/6, 즉 진동수가 본래의 "도" 음의 5/6배의 음을 얻는다.

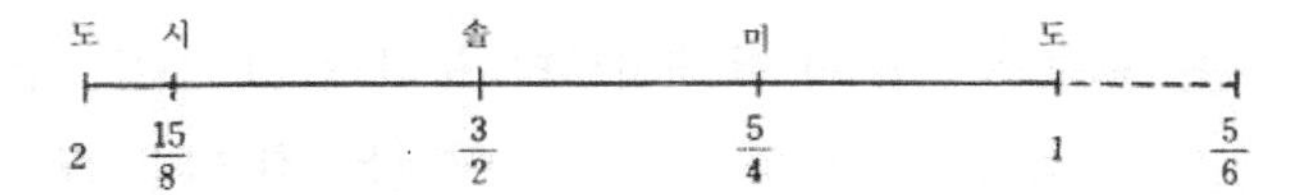


그러나 이것은 본래의 "도"보다 낮은 음이다. 그래서 이것을 한 옥타브 올리기 위해 그 진동수를 2배해 보면, 그 진동수가 본래의 "도"의 진동수의 5/3배인 음을 얻는다. 이것은 실은 "라"의 음이다.

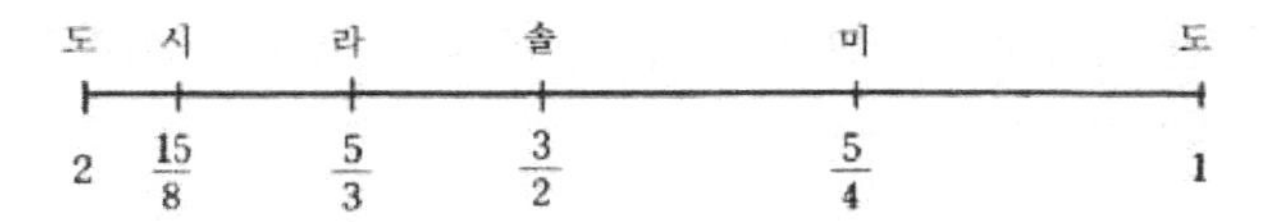


앞에서 피타고라스가 얻었던 음 "레", "파", "솔"과 지금 이렇게 해서 얻은 음을 합치면

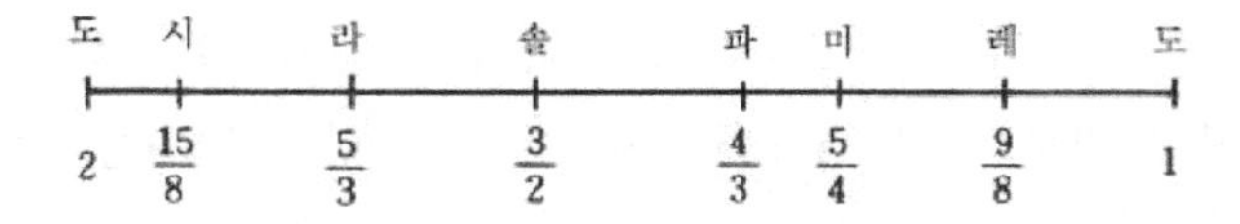


로 되어 이른바 순정조의 음계를 얻는다. 피타고라스의 생각만으로 이 순정조의 음계를 얻을 수 없는 이유는 피타고라스의 방법으로는 분자가 5, 또는 5의 배수라는 진동수의 음은 절대로 얻을 수 없기 때문이다.

# 현자들

그리스가 매우 번영했던 기원전 450년경, 정치와 문화의 중심이었던 수도 아테네의 시민들은 일상생활에 관한 일은 노예들에게 맡겨두고, 귀족과 시민계급들은 정치와 학문에만 열중하고 있었다. 이런 분위기에서 교양을 쌓으려는 시민들의 수효가 많아지자 소피스트(Sophist) 즉 현자(賢者)라고 불리는 직업적인 가정교사들이 등장했다. 이 현자들은 나중에 와서 변론술(辯論術)에 치중하게 되었기 때문에 궤변학파(詭辯學派)라고도 불리고 있다.

소피스트들은 특히 다음의 세 가지 문제를 열심히 연구했다.

## 각의 3등분 문제

그리스의 수학자들은

'임의로 주어진 각을 2등분하라.'

라는 문제를 자와 컴퍼스를 사용해 쉽게 풀 수 있었다.

즉 지금 임의로 주어진 각을 AOB라고 할 때, 먼저 이 각의 꼭짓점 O를 중심으로 하여 적당한 반지름으로 원을 그리고, 이 원과 주어진 각의 변 OA, OB와의 교점을 각각 C, D로 한다.

다음에 C와 D를 중심으로 하여 적당한 반지름(보통은 먼저와 같은 반지름)으로 원을 그리고, 이들 원의 O 이외의 교점을 E라고 하면, OE는 주어진 각을 2등분한다.

또 그들은

'직각을 3등분하라.'

는 문제를 자와 컴퍼스를 사용해 쉽게 풀 수 있었다.

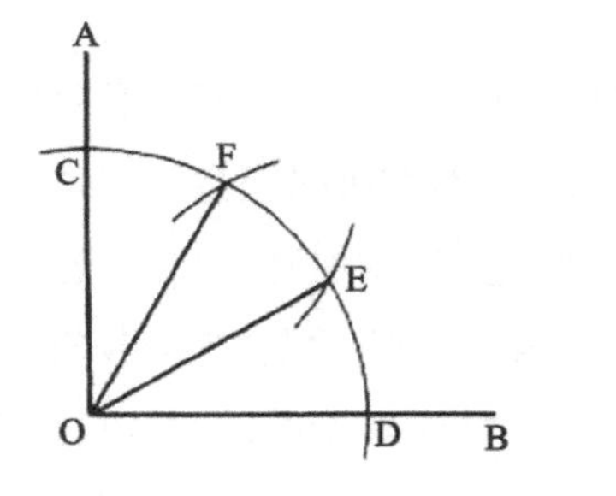


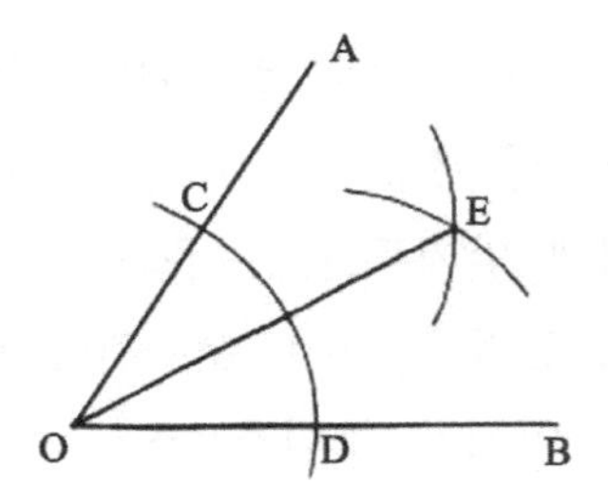


즉 주어진 직각을 AOB라고 할 때, 먼저 그 꼭짓점 O를 중심으로 하여 적당한 반지름으로 원을 그리고, 이 원과 주어진 직각의 변 AO, BO와의 교점을 각각 C, D로 한다.

다음에 C와 D를 중심으로 하여 먼저와 같은 반지름을 그리고, 앞서 그린 원과의 교점을 각각 E, F로 하면 OE와 OF는 주어진 직각을 3등분한다.

다음에는

'임의로 주어진 각을 3등분하라.'

라는 문제를 생각했다.

앞의 두 문제는 자와 컴퍼스만을 사용해 풀 수 있었기 때문에 현자들은 이 문제도 자와 컴퍼스를 사용해서 풀려고 했다. 그러나 이번 문제는 좀처럼 불가능했다. 마침내 다음과 같은 도구를 고안한 현자가 있었다.

그 도구라는 것은 자 PS의 3등분점을 Q, R로 하고, Q인 곳에 직선자 QU를 PS에 수직으로 부착하고, QS인 곳에 QS를 지름으로 하는 반원을 붙인 것이었다.

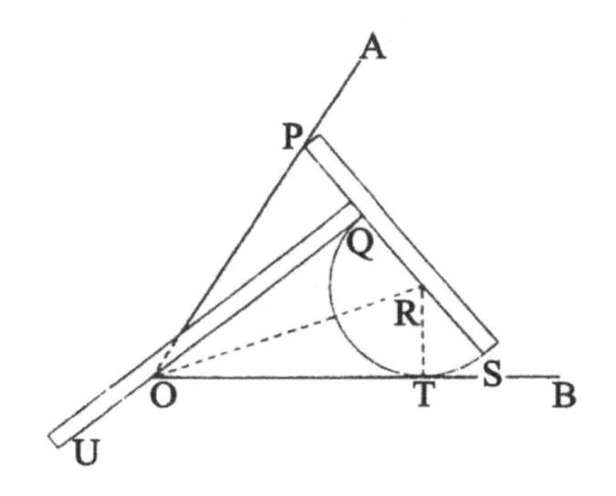


그리고 만약 이 도구를 P가 주어진 각 AOB의 변 AO 위에 있고, QU가 그 꼭짓점 O를 통과하고, 반원이 다른 변 BO와 접하게 해 두면 OQ와 OR은 주어진 각 AOB를 3등분한다는 것이 그 해법이었다.

그러나 이 해법은 다른 현자들로부터 다음과 같이 비난을 받았다.

'이 해법은 자와 컴퍼스 이외의 도구를 사용하고 있으니, 말하자면 기계적인 작도(作圖)법이다. 우리는 여태까지 자와 컴퍼스만을 사용해 여러 가지 문제를 풀어 왔다. 자와 컴퍼스만을 사용하는 작도법이야말로 참다운 기하학적 작도법 이므로, 이 같은 기계적 작도법에는 만족할 수 없다.'

그래서 현자들은 이 문제에 대해서 자와 컴퍼스만을 사용한 해법, 이른바 기하학적 해법을 열심히 찾아보았으나 좀처럼 성공하지 못했다.

## 입방배적문제—일명 델로스의 문제

그리스의 수학자들은

'주어진 정사각형의 2배인 면적을 갖는 정사각형을 작도하라.'

는 문제를 자와 컴퍼스를 사용하여 쉽게 풀 수 있었다.

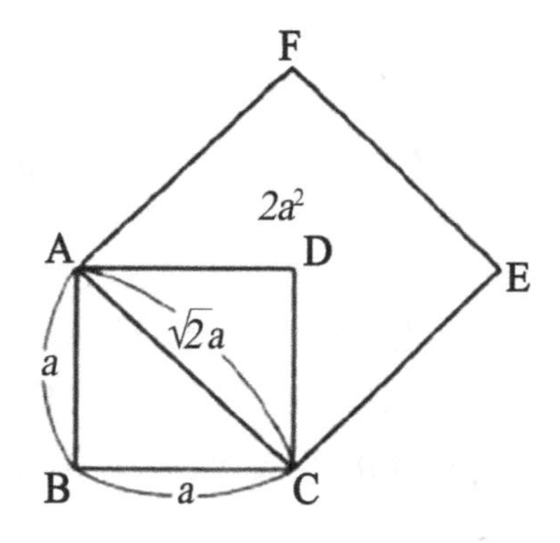


지금 주어진 정사각형을 ABCD라고 할 때, 그 대각선 AC 위에 정사각형 ACEF를 그리면, 정사각형 ACEF의 면적은 주어진 정사각형 ABCD의 2배의 면적을 갖고 있다.

왜냐하면 지금 주어진 정사각형의 한 변의 길이를 $a$라고 하면, 주어진 정사각형의 면적은

$$a^2$$

이다.

그런데 피타고라스의 정리에 따르면 정사각형 ABCD의 대각선 AC의 길이는

$$\sqrt{2a}$$

이므로, 정사각형 ACEF의 면적은

$$(\sqrt{2}\,a)^2 = 2a^2$$

로서 정사각형 ABCD의 면적의 2배로 되어 있기 때문이다.

이제는 한 걸음 더 나아가서

'주어진 입방체(정육면체)의 2배의 체적을 갖는 입방체를 작도하라.'

는 문제를 생각했다.

그런데 이 문제에 관해서는 다음과 같은 재미있는 이야기가 전해지고 있다.

한때 그리스의 델로스(Delos)섬에 전염병이 유행했다. 날마다 많은 사람의 목숨을 앗아가는 이 전염병은 심해지기만 할 뿐, 도무지 수그러들 기미가 보이지 않았다. 델로스섬의 주민들은 이미 인간의 힘으로는 어찌할 수 없다고 생각하고, 델로스섬의 수호신인 아폴론에게

'아폴론이여! 어떻게 하면 이 전염병이 우리 고장에서 물러가겠나이까?'

하고 기도를 올렸다. 아폴론의 신탁(神託)은

'나의 신전 앞에 있는 입방체 모양의 제단을, 2배의 입방체

로 만들라. 그러면 전염병은 즉석에서 물러가리라.'

라는 것이었다. 아폴론은 무척이나 수학을 좋아했던 신이었던 것 같다.

사람들은 목수에게 아폴론의 말씀대로 제단을 만들게 명령했는데, 목수는 다음 그림과 같은 제단을 만들어 왔다.

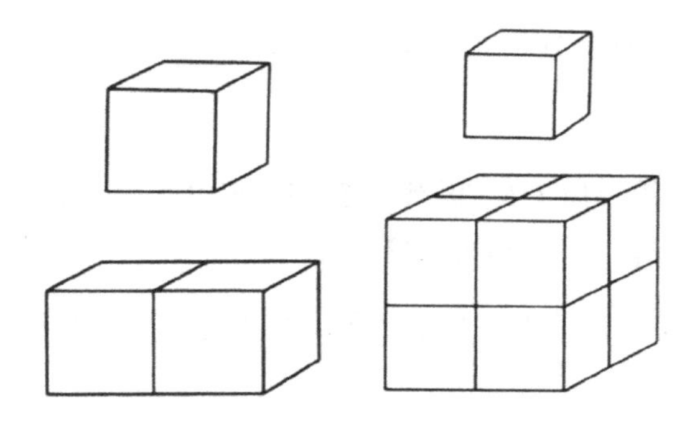

새로 만든 제단을 아폴론 신의 신전 앞에 갖다 놓았으나 전염병은 도무지 수그러질 기세가 없었다.

난감해진 델로스섬 사람들은 다시 한번 아폴론에게 신탁을 간청했다. 그때 아폴론의 계시는

'나는 체적을 2배로 하라고 요구했는데도 이 제단은 한 변의 길이를 2배로 만들었어. 이렇게 되면 체적이 8배가 되지 않는가? 내가 바라는 것은 체적이 2배인 제단이란 말이다.'

과연 그렇구나 하고 생각한 사람들은 이번에는 전의 제단과 똑같은 것을 하나 더 만들게 해서 그것을 전에 있던 제단 옆에 나란히 두었다.

그래도 전염병은 도무지 멎을 기세가 없었다. 당황하고 낭패한 델로스섬 사람들은 다시 3번째의 신탁을 빌었다. 그때 아폴론의 말씀은

'과연, 너희들은 확실히 체적이 본래의 2배인 제단을 만들었다. 그러나 이 제단은 전체적으로는 입방체의 꼴을 이루고 있지 않아. 내가 원하는 것은 형태는 전과 같이 입방체이고, 체적은 본래의 2배인 것을 말하는 거다.'

이렇게 겨우 문제의 의미를 정확하게 파악한 사람들은 이 문제의 연구를 본격적으로 시작했다. 따라서 이 문제는 입방배적문제(立方倍積問題)라는 이름 외에도 「델로스의 문제」라는 이름이 붙여져 있다.

이 문제의 기원에 관해서는 다음과 같은 설이 있다.

미노스 왕이 그의 죽은 왕자를 위해서 입방체형의 무덤을 만들려고 신하에게 그 설계를 명했다. 부탁받은 신하는 그 설계도를 왕에게 제출했으나 왕은 그 치수가 마음에 들지 않았다. 그때 왕이

'체적은 이것의 2배여야 한다. 그러나 모양은 입방체여야 한다.'

하고 야단을 친 것이 이 문제의 발단이라고 한다. 이 문제의 해답에 관해서는 다음에 나오는 히포크라테스의 항목을 읽어 주기 바란다.

### 원적문제

그리스인들은 주어진 다각형과 면적이 같은 삼각형을 작도할

수가 있었다.

이를테면 오각형 ABCDE가 주어졌을 경우에는 꼭짓점 B를 통과해 대각선 AC로 평행인 직선이 DC의 연장과 교차하는 점을 F라고 하면, 오각형 ABCDE의 면적과 사각형 AFDE의 면적은 같아진다.

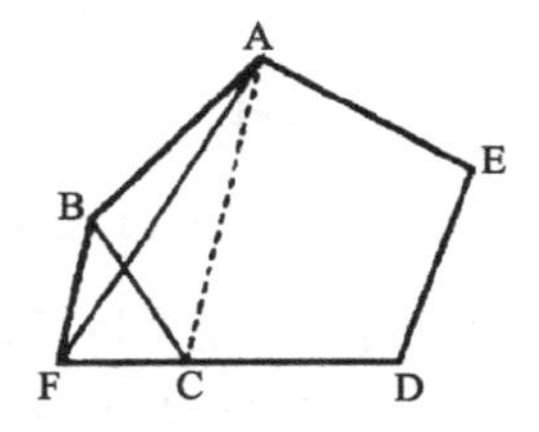


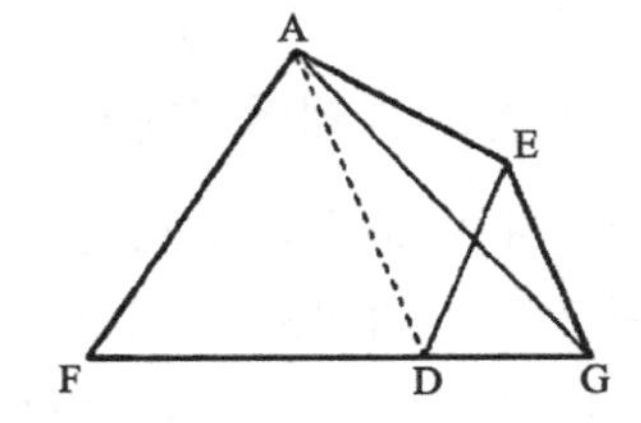


다음, 사각형 AFDE가 주어졌다고 생각하고 꼭짓점 E를 통과해 대각선 AD로 평행인 직선이 FD의 연장과 교차하는 점을 G라고 하면, 사각형 AFDE의 면적과 삼각형 AFG의 면적은 같아진다.

따라서 결국 오각형 ABCDE의 면적과 삼각형 AFG의 면적은 같아진다.

또 그리스인들은 주어진 삼각형과 면적이 같은 정사각형을 작도할 수 있었다.

지금 삼각형 AFG가 주어졌다고 하고, 그 밑변 FG를 밑변으로 하고, 그 높이 AH의 절반 MH를 높이로 하는 직사각형 FGJK를 만들면, 삼각형 AFG의 면적과 직사각형 FGJK의 면적은 같아진다.

다음, FG의 연장상에 GJ의 길이와 같게 GL을 취하고, FL을 지름으로 하는 원과 JG의 연장의 교점을 M이라고 하면

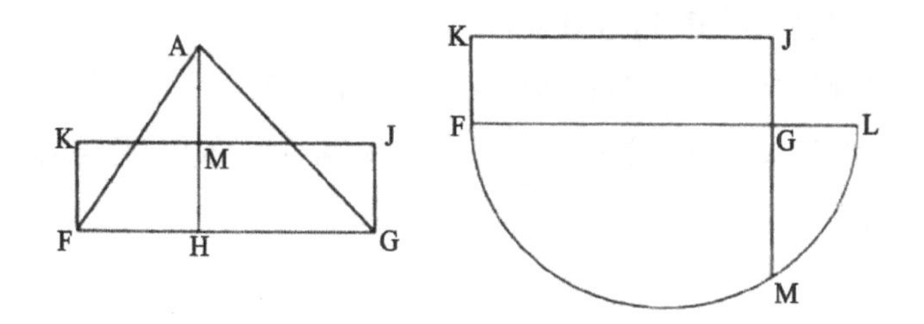


$FG \cdot GL = GM^2$

이므로, 직사각형 FGJK의 면적은 GM을 한 변으로 하는 정사각형의 면적과 같아진다.

위의 조작을 계속하여 그리스인들은 주어진 다각형과 면적이 같은 정사각형을 작도할 수 있었던 것이다.

이것에서 힘을 얻은 그리스인들은

'주어진 원과 면적이 같은 정사각형을 작도하라.'

라는 문제를 생각했다. 이 문제를 원적문제(圓積問題)라고 부른다.

## 기하학의 3대 난문

이상과 같이 소피스트들은

'임의로 주어진 각을 3등분하라.'

'주어진 입방체의 2배의 체적을 갖는 입방체를 작도하라.'

'주어진 원과 면적이 같은 정사각형을 작도하라.'

라는 세 가지 문제를 매우 열심히 연구했다.

그런데 그들은 기계적인 작도를 배척하고 자와 컴퍼스만을 사용하는 이른바 기하학적 작도를 요구했던 것이다. 아무리 노력했어도 이 문제는 풀 수 없었다. 따라서 이들 문제는 기하학의 3대 난문이라고 일컬어지고 있다.

이 문제들은 19세기가 되어서 사용하는 도구를 자와 컴퍼스로 제한해서 한다면 작도가 불가능한 문제라는 것이 증명되었다.

## 히포크라테스(Hippocrates, B.C. 460?~370?)

키오스의 히포크라테스는 앞에서 말한 「델로스의 문제」를 풀기 위해서는 주어진 입방체의 한 변의 길이를 a로 할 때, a와 2a 사이에 두 개의 비례중항(比例中項) $x$와 $y$를 넣으면 된다고 주장했다. 즉

$$a : x = x : y = y : 2a$$

가 될만한 $x$와 $y$를 발견하면 $x$가 구하는 길이라고 주장했다.

사실, $a : x = x : y$로부터

$$x^2 = ay$$

를 또, $x : y = y : 2a$로부터

$$y^2 = 2ax$$

를 얻는다.

따라서 이 제1식을 제곱하여

$$x^4 = a^2y^2$$

이것에 제2식을 대입하여

$x^4=2a^3x$

따라서

$x^3=2a^3$

을 얻는다. 그런데 이 식은 $x$를 한 변으로 하는 입방체의 체적이 a를 한 변으로 하는 본래의 입방체의 체적 $a^3$의 2배로 되어 있다는 것을 보여 주고 있다.

그러나 히포크라테스는 자와 컴퍼스만을 사용해서는 이와 같은 $x$와 $y$를 발견할 수가 없었다.

히포크라테스는 다음의 재미있는 정리도 증명하고 있다.

'C가 직각꼭짓점인 직각삼각형 ABC가 있을 때, AC를 지름으로 하는 반원과 BC를 지름으로 하는 반원을 직각삼각형 ABC의 외부에 그리고, 빗변 AB를 지름으로 하는 반원을 C를 통과하여 그리면, 여기에 생긴 달 모양의 AC와 달 모양의 BC의 면적을 더한 것은 직각삼각형 ABC의 면적과 같다.'

즉 그림의 빗금 친 부분의 면적을 더한 것은 직각삼각형 ABC의 면적과 같다고 하는 정리이다.

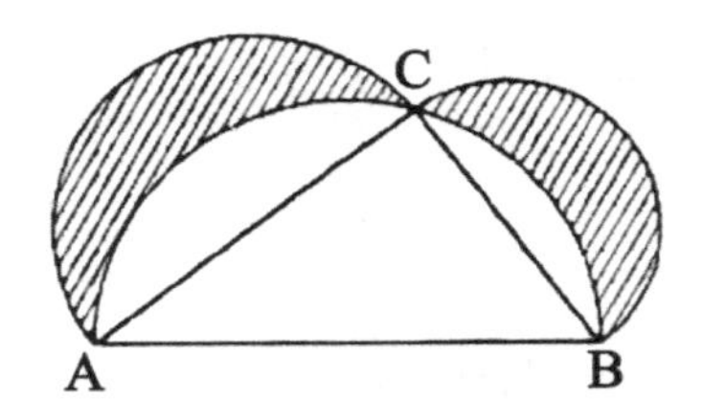

이 결과는 곡선으로 둘러싸인 부분의 면적을 직선으로 둘러싸인 부분의 면적으로 고친 최초의 결과였다.

그런데 이 정리를 증명하는 데 있어서는 우선 다음의 사실을 상기해 주기 바란다.

그것은 두 개의 닮은 도형에서 길이의 비가 a : b라고 하면, 그 면적의 비는 $a^2 : b^2$이라는 사실이다.

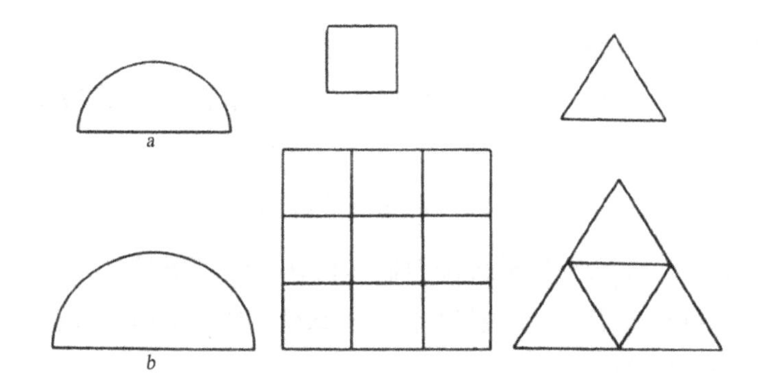


이를테면 그림의 2개의 정삼각형은 닮은꼴이고, 그 길이의 비는 1 : 2이다. 그러나 그 면적의 비는 1 : 4가 된다.

또 그림의 2개의 정사각형은 닮은꼴이고, 그 길이의 비는 1 : 3이다. 그러나 그 면적의 비는 1 : 9가 된다.

마찬가지로 그림의 2개의 반원은 닮은꼴이고, 그 길이의 비는 a : b이지만, 이 경우 면적의 비는 $a^2 : b^2$이다.

그런데 히포크라테스 정리의 그림으로 되돌아가면 반원 BC, 반원 AC, 반원 ACB는 모두가 서로 닮은꼴이다. 지금

BC=a, AC=b, AB=c

로 두면 이들 반원의 길이의 비는 a : b : c이다. 따라서 이들

반원의 면적의 비는 $a^2 : b^2 : c^2$이다.

그런데 피타고라스의 정리에 의해서 이들 사이에는

$a^2+b^2=c^2$

이라는 관계가 성립되어 있다. 따라서 반원 BC, AC, ACB의 면적 사이에

(반원 BC)+(반원 AC)=(반원 ACB)

라는 관계가 성립하는 것을 알 수 있다.

그런데, 여기서 이 식의 양변으로부터 활꼴 BC와 활꼴 AC의 면적을 빼면

(달 모양 BC)+(달 모양 AC)=(삼각형 ABC)

가 되므로 이것으로 히포크라테스의 정리가 증명된다.

또, 히포크라테스에 관해서 아리스토텔레스(Aristoteles)는 다음과 같이 말하고 있다.

'인간이 한 가지 분야에 대해서는 뛰어나고, 다른 분야에서는 그렇지 않다고 한들 놀랄 일은 못된다. 히포크라테스는 기하학에 있어서는 그의 비범(非凡)한 솜씨를 발휘했지만, 다른 일에 대해서는 심약하고 멍청한 데가 있었다. 그는 그 착한 성품 때문에 남에게 속임을 당하여 큰돈을 손해 본 사람이다.'

## 아르키메데스(Archimedes, B.C. 287~212)

아르키메데스는 시실리섬의 시라쿠사에서 태어났다.

그 당시는, 학문에 뜻을 둔 청년들은 너나 할 것 없이 모두 이집트로 건너가서 알렉산드리아의 학교로 유학 가는 것을 큰 이상으로 삼고 있었다. 아르키메데스도 그들처럼 공부를 하기 위해 이집트로 건너갔다.

그는 꽤 오랫동안 알렉산드리아에서 수학과 물리학을 공부한 뒤 고향 시라쿠사로 돌아와 당시의 시라쿠사 왕 헤이론을 보좌했다.

이 헤이론 왕과 아르키메데스 사이에는 많은 에피소드가 전해지고 있다.

### 군함의 진수

어느 때 헤이론 왕은 어느 나라의 군함에도 뒤지지 않을 만한 큰 군함을 만들기로 하고 곧 신하들에게 명령을 내렸다. 신하들은 많은 조선 기술자를 끌어모아 군함의 건조에 착수했다.

일이 순조롭게 진행되어 마침내 헤이론 왕이 원했던 큰 군함이 완성되었다. 그런데 막상 이것을 바다에 띄우려 하자 난처한 일이 생겼다. 그것은 군함이 너무나 커서 그때까지의 방법으로는 진수(進水)시킬 수가 없었기 때문이다.

그래서 헤이론 왕은 어떻게 하면 이 거대한 군함을 진수시킬 수 있는가를 아르키메데스와 상의했다. 그러자 아르키메데스는 나선 모양의 톱니바퀴를 교묘히 이용하여 이 거대한 군함을 거뜬히 물에 띄웠다. 이것을 본 헤이론 왕은 기뻐서 어쩔 줄을 몰랐다고 한다.

이때 아르키메데스가 사용한 방법이 '지렛대의 원리'였다고 한다. 여기서 말하는 '지렛대의 원리'란 다음과 같다.

지점 O와 단단한 막대 AB가 주어져 있으면 그림과 같이 하여 B에 비교적 작은 힘 F를 가해서 아주 큰 무게 W를 움직일 수 있다. 이 경우

$W \cdot AO = F \cdot BO$

로 되어 있으므로 BO만 길다면 큰 무게 W를 움직일 수 있는 것이다.

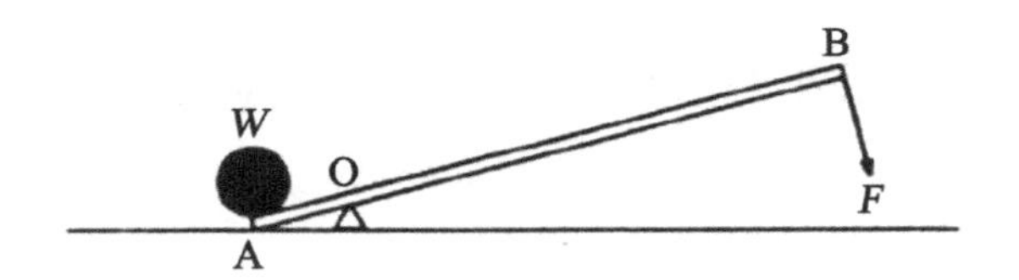


이것을 착상하고, 스스로 감동한 아르키메데스는

'내게 하나의 지점을 준다면 지구라도 움직여 보이겠다.'

고 말했다고 한다.

## 헤이론 왕의 왕관

헤이론 왕과 아르키메데스와의 이야기에서 가장 유명한 것이 아마 헤이론 왕의 왕관 이야기일 것이다.

어느 때 헤이론 왕은 대장장이에게 순금을 내어주고 그것으로 왕관을 만들라고 명령했다. 얼마 후 왕관이 훌륭하게 완성되었다.

'저 왕관은 보기에는 순금으로 되어 있는 것 같지만, 사실은 대장장이가 왕에게서 받은 순금의 상당한 양을 착복하고, 그 대신 다른 것을 섞어 넣었다.'

라는 소문이 퍼져, 그 이야기가 헤이론 왕의 귀에 들어갔다.

그래서 헤이론 왕은 아르키메데스에게 이 왕관이 과연 왕이 준 순금으로 만들어졌는지, 아니면 다른 것을 섞어서 만든 것인지를 조사하라고 명령했다.

이것은 아르키메데스에게도 결코 만만찮은 문제였다.

이리저리 궁리를 거듭하는 동안에 어느덧 왕과 약속한 날짜가 다가오고 있었다.

그러던 어느 날, 아르키메데스는 몸이나 후련하게 풀어보려고 목욕탕에 갔다. 좀 이른 시각이어서인지 손님은 아르키메데스 혼자였다. 그리고 탕에는 더운물이 콸콸 넘쳐흐르고 있었다. 아르키메데스가 탕 속으로 몸을 담그자 욕탕으로부터 물이 쫙 흘러나갔다.

이때 아르키메데스는 탕 속에서 자기의 몸이 약간 가볍게 느껴지는 것을 알아챘다. 이것에서부터 그는

'물체를 물속에 넣으면 그 물체의 무게는 물체와 같은 체적의 물의 무게만큼 가벼워진다.'

고 하는 저 유명한 아르키메데스의 원리를 착상하여, 이 방법을 응용하면 왕관이 순금으로 만들어졌는지 어떤지를 조사할 수 있을 것이라는 데에 생각이 미치자, 기쁜 나머지 옷 입는 것도 잊어버리고

'알았다. 알았어!'

라고 소리치며 알몸으로 집까지 뛰어갔다는 이야기가 전해지고 있다.

이때 아르키메데스가 착상한 방법은 다음과 같다. 먼저 왕관이 순금이냐 아니냐를 조사하는 데는, 왕관의 비중을 측정하여 그것이 금의 비중과 일치하는지의 여부를 조사하면 되는 것이다. 여기서 어떤 것의 비중이라는 것은, 그것의 무게가, 그것과 같은 체적의 물의 무게의 몇 배인가를 가리키는 수를 말한다. 따라서 어떤 것의 비중을 구하는 데는 그 무게를, 그것과 같은 체적의 물의 무게로 나누면 되는 것이다.

물체의 무게는 금방 측량할 수 있다. 따라서 그것과 같은 체적의 물의 무게를 알면, 이것으로 나누어서 그 비중을 알 수 있을 것이다.

왕관의 무게는 금방 측정할 수 있으므로, 이 문제는 왕관이라는 매우 복잡한 형태를 한 물체와 같은 체적을 갖는 물의 무게를 어떻게 해서 측정하느냐는 것에 귀착된다. 그런데 아르키메데스의 원리

'물체를 물속에 넣으면 그 물체의 무게는 물체와 같은 체적의 물의 무게만큼 가벼워진다.'

에 따르면 먼저 왕관의 무게를 공중에서 측정한 다음, 이 왕관

을 물속에 매달아 그 무게를 측정하고, 이들 무게의 차이를 계산하면 그것이 왕관과 같은 체적의 물의 무게와 같다는 것이 된다.

이리하여 아르키메데스는 왕관의 비중을 측정할 수 있었다.

획기적인 대발견에는 의례적으로 이런 종류의 에피소드가 따르기 마련이지만, 필자의 생각으로는 이 에피소드가 아르키메데스의 원리의 내용과 반드시 일치하는 것만은 아닌 듯하다. 그 이유는 이 경우에 굳이 아르키메데스의 원리를 사용하지 않더라도 왕관과 같은 체적의 물의 무게를 측정할 수 있기 때문이다.

사실 위의 이야기 가운데 아르키메데스가 더운물이 가득 찬 탕 속으로 몸을 담그자 물이 쫙 흘러나왔다는 대목이 있다. 이때 아르키메데스는 다음의 일을 착상했을지도 모른다.

'어떤 물체와 같은 체적의 물의 무게를 측정하는 데는 물을 가득 채운 용기에 이 물체를 넣고, 그때 흘러나간 물의 무게를 측정하면 된다.'

이 방법을 사용하면 왕관의 무게와 왕관과 같은 체적의 무게를 측정할 수 있고, 따라서 왕관의 비중을 측정할 수 있다. 그러므로 아르키메데스의 원리를 사용하지 않더라도 문제를 풀 수 있다는 것이 된다.

그런데 여러분도 아마 틀림없이 흥미를 가지고 있으리라 생각되는데, 아르키메데스가 조사한 이 왕관은 과연 순금으로 만들어져 있었을까? 아니면 혼합물로 만들어져 있었을까?

실제로 그것에 관해서는 전해지고 있지 않지만, 이야기를 재미있게 꾸미기 위해서 왕관에는 혼합물이 섞여 있었고, 대장장이는 벌을 받았다는 것으로 이 이야기를 끝맺는 사람도 있다.

### 학원의 축제에서

다음 이야기는 아르키메데스의 에피소드는 아니지만, 아르키메데스의 에피소드와 관계가 있는 필자의 경험담을 한 가지 소개할까 한다.

가을이 되면 고등학교나 대학에서는 축제가 열린다. 대학에서는 학내를 개방한다는 뜻도 있고 해서 각 교실을 저마다 나름대로 장식을 하고, 행사를 통해 손님들을 즐겁게 대접하려고 연구한다.

필자도 도쿄대학의 수학과 학생이던 시절, 이런 행사에 참가한 적이 있는데, 수학과라는 곳은 손님에게 보일만한 것이라고는 수학모형 정도뿐이고, 나머지는 초등학생, 중학생, 고등학생, 일반부로 나누어 현상문제를 내놓거나 질문에 응하는 정도가 고작이었다.

옛날에는 도쿄 문리과대학, 후에 도쿄 교육대학, 지금은 쓰쿠바대학으로 불리는 모교의 축제에 필자가 갔을 때의 일이다. 필자도 학생 시절에는 꽤나 고생을 한 기억이 있었기 때문에, 이 대학의 수학과 학생들이 어떤 연구를 했을까 하는 것에 흥미가 있어서, 필자의 발걸음은 저절로 수학과를 향하고 있었다.

그런데 수학과에 발을 들여놓자, 우선 놀란 일은 입구 바로 옆에 있는 방이 손님으로 초만원을 이루고 있는 일이었다.

이렇게 많은 사람을 모아 놓은 것이 도대체 무엇일까 하고 그것을 들여다보려 했으나 그야말로 인산인해를 이루어 좀처럼 안으로 다가설 수가 없었다. 어쨌든 상당한 시간이 걸려서 그 중심에까지 다가가 보았더니 놀랍게도 책상 위에는 한 장의 더러운 손수건이 놓여 있을 뿐이 아닌가! 이것이 수학과 어떤 관계가 있고, 또 어째서 이렇게 많은 사람들을 이곳으로 끌어 모았는지 정말 어안이 벙벙했다. 그 책상 곁에는 다음과 같은 설명서가 붙어 있었다.

'이 손수건은 아르키메데스가 목욕탕에 갔다가, 거기서 "아르키메데스의 원리"를 발견하고, 너무나 기쁜 나머지 "알았다. 알았어!"라고 소리치며 알몸으로 뛰쳐나갔을 때, 깜박 잊어 먹고 그 목욕탕에 두고 갔던 손수건입니다.'

필자는 수학자란 정말로 사랑할 만한 사람들이라고 생각하는데, 수학자들은 어릴 적부터 이렇게 기지가 넘치는 사람들인 것 같다.

## 원주율

아르키메데스는 원과 구(球)의 연구를 열심히 했다.

원에 있어서는 그 원주(圓周)의 길이와 지름의 길이의 비는, 어떤 원에 대해서도 일정하고, 이 일정한 값을 원주율(圓周率)이라고 한다는 것은 잘 알려져 있다.

어떤 원의 원주의 길이를 $\ell$, 그 지름의 길이를 d라고 하면 어떤 원에 대해서도

$$\frac{\ell}{d}$$

은 일정한 값을 가지고 있으며 이것이 원주율이다.

따라서 이 원주율을 $\pi$라는 그리스문자로 나타내기로 하면

$$\frac{\ell}{d}=\pi$$

즉

$$\ell=\pi d$$

이다.

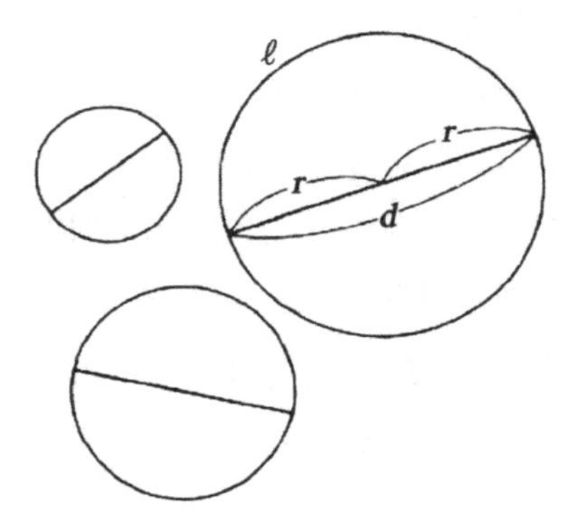


그런데 이 원의 반지름의 길이를 r이라고 하면 지름 d는 이 r의 2배로서

$$d=2r$$

따라서 원주의 길이와 반지름의 길이의 관계는

$$\ell=2\pi r$$

이다.

옛날 사람들은 이 원주율 $\pi$의 값을 대체로 3이라고 생각하고 있었다.

이를테면 솔로몬의 사원을 건축한 기록 속에 커다란 빨래 통에 관한 설명이 있는데, 그 가운데에

'지름이 10에렌이면 그 주위는 30에렌이다.'

라는 문장이 보인다.

또 유태법전(獨太法典)에도

'주위가 손 너비의 셋이 되는 것의 지름은 손 너비 하나 값이다.'

라고 씌어 있다.

또 중국의 옛 기록에도

'안지름이 8자, 둘레가 24자(內徑8尺, 周二丈四尺)'

라는 말이 있다. 물론 여기서 1장(丈)이란 10척(尺)을 말하며, 2장 4척은 24자를 말한다.

그런데 아르키메데스는 먼저 원에 내접하는 정육각형과 원에 외접하는 정육각형을 그리고, 이 원의 원주의 길이는 이것에 내접하는 정육각형의 둘레보다 길고, 이것에 외접하는 정육각형의 둘레보다는 짧다고 생각했다.

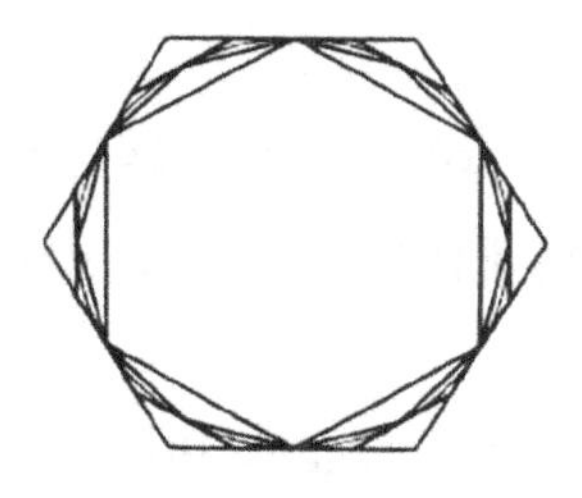
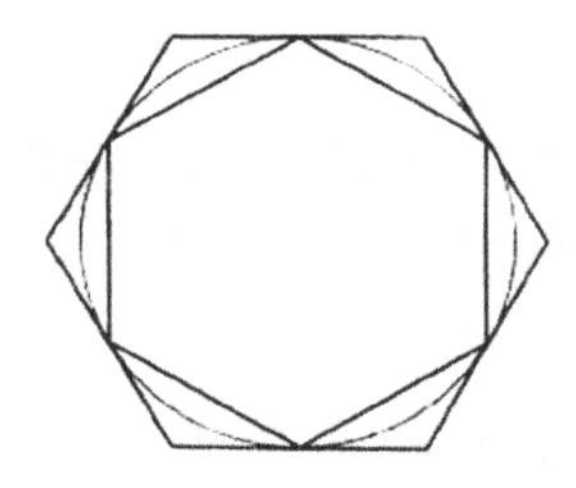

그리고 이 그림에서부터 출발하여 원에 내접하는 정십이각형과 외접하는 정십이각형, 원에 내접하는 정이십사각형과 외접하는 정이십자각형, 원에 내접하는 정사십팔각형과 외접하는

정사십팔각형, 그리고 마침내 원에 내접하는 정구십육각형과 외접하는 정구십육각형을 그려서, 이 원의 원주의 길이는 이것에 내접하는 정구십육각형의 둘레보다는 길고, 외접하는 정구십육각형의 둘레보다는 짧다고 생각했다.

아르키메데스는 마침내

$$3\frac{10}{71} < \pi < 3\frac{1}{7}$$

이라는 것을 발견했다. 지금 이들의 분수를 소수로 고쳐 보면

$$3.1408\cdots\cdots < \pi < 3.1428\cdots\cdots$$

이 되므로 아르키메데스는 수학의 역사상 처음으로 원주율의 값을

$$\pi = 3.14\cdots\cdots$$

로, 소수점 이하 두 자리까지 정확하게 얻은 것이 된다.

## 원의 면적

아르키메데스는 또 반지름이 r인 원의 면적 S는

$$S = \pi r^2$$

으로서 주어진다는 것을 증명했다. 이 공식은 원의 면적은 그 반지름의 제곱에 비례하고, 그 비례상수는 원주율 $\pi$라는 것을 가리키고 있다.

이와 같이 원의 면적이 그 반지름의 제곱에 비례한다는 것은 이집트인도 경험상으로 알고 있었던 것으로 생각된다.

왜냐하면 앞에서 말한 "아메스의 파피루스"에

'원의 면적을 구하는 데는 지름에서부터 그것의 1/9을 빼

서 제곱하면 된다.'

라고 기록되어 있기 때문이다.

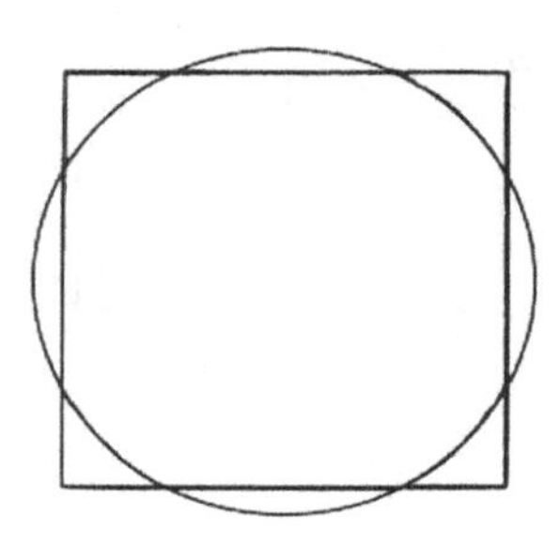

지금 원의 반지름을 r로 하면 그 지름은 물론 2r이다. 따라서 지름으로부터 그 1/9을 뺀 것은

$$2r-2r\times\frac{1}{9}=\frac{16}{9}r$$

이다. 따라서 이것을 제곱하면

$$\left(\frac{16}{9}r\right)^2=\frac{256}{81}r^2$$

이 된다. 여기서 분수를 소수로 고치면

$$\frac{256}{81}=3.1604\cdots\cdots$$

가 되므로 이집트인들은 원주율의 값을 소수점 이하 한 자리까지 정확하게 알고 있었다고 말할 수 있다.

그런데

$$S=\pi r^2$$

이라는 공식의 증명인데, 이것에는 다음의 증명이 어떠할까?

먼저, 중심이 O이고 반지름이 r인 원에, 정육각형 ABCDEF

를 내접시킨다. 이때 ACE는 이 원에 내접하는 정삼각형이다.

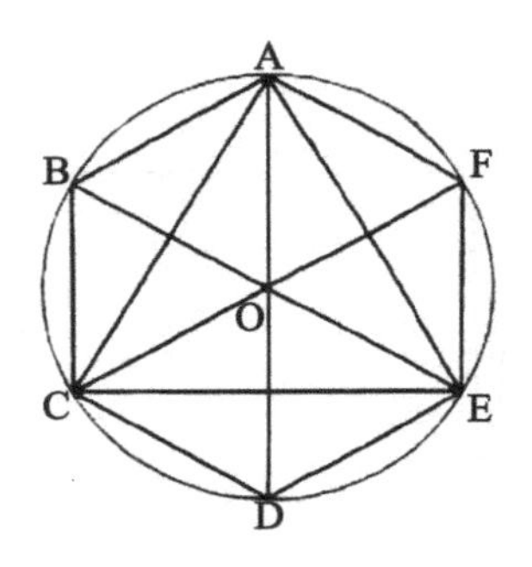


(사각형 ABCO의 면적)=$\frac{1}{2}$AC•r

(사각형 CDEO의 면적)=$\frac{1}{2}$CE•r

(사각형 EFAO의 면적)=$\frac{1}{2}$EA•r

이다. 따라서 이 세 개의 식을 좌변 우변끼리 더하면

(내접 정육각형 ABCDEF의 면적)=$\frac{1}{2}$(AC+CE+EA)•r

즉,

(내접 정육각형의 면적)=$\frac{1}{2}$(내접 정삼각형의 둘레)•r

이 된다.

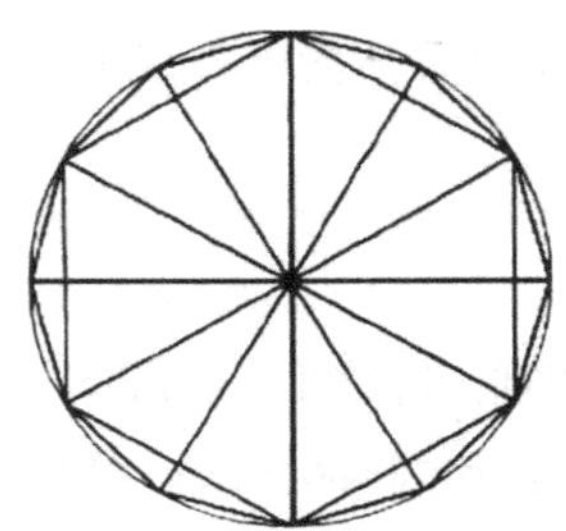

원에 내접하는 정십이각형에서부터 출발해서 같은 방법을 되풀이하면

(내접 정십이각형의 면적)= $\frac{1}{2}$(내접 정육각형의 둘레)•r

을 얻는다.

다시 같은 방법으로 원에 내접하는 정이십사각형에서부터 출발하면

(내접 정이십사각형의 면적)= $\frac{1}{2}$(내접 정십이각형의 둘레)•r

을 얻는다.

이것은 얼마든지 계속해 갈 수 있는데, 만약 이것을 무한히 계속한다고 하면 내접 정다각형의 면적은 얼마든지 원의 면적에 접근해 갈 것이고, 내접 정다각형의 둘레는 얼마든지 원의 둘레에 접근해 간다. 따라서 이것으로부터

(원의 면적)= $\frac{1}{2}$(원의 둘레)•r

이라는 것을 안다. 그런데

(원주)= $2\pi r$

이다. 따라서 이것으로부터

(원의 면적)= $\frac{1}{2}(2\pi r) \cdot r = \pi r^2$

따라서

$S = \pi r^2$

이 되어 생각하고 있는 공식이 증명된다.

## 구의 표면적

아르키메데스는 또 구의 표면적과 구의 체적에 관해 열심히 연구했다.

그리하여 반지름 r인 구의 표면적 A는

$A=4\pi r^2$

으로서 주어진다는 것을 증명했다.

구를 평면에서 절단하면 그 단면에는 언제나 원이 나타난다. 그리고 구의 중심을 통과하는 평면에서 절단했을 때 단면에 나타나는 원은 가장 커져 있고, 그때 원의 반지름은 구의 반지름과 일치한다.

따라서 구를 중심을 통과하지 않는 평면에서 절단했을 때 단면에 나타나는 원을 작은 원, 중심을 통과하는 평면에서 절단했을 때 단면에 나타나는 원을 큰 원이라고 부른다.

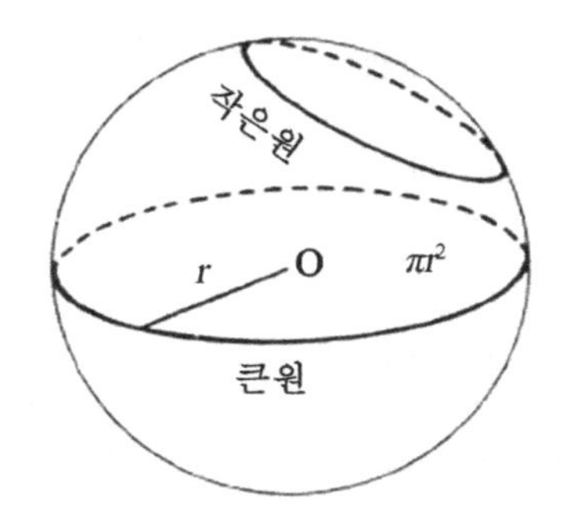


그런데 반지름이 r인 구의 표면적 A는

$A=4\pi r^2$

으로 주어진다는 공식은 구의 표면적이 그 큰 원, 즉 반지름이 r인 원의 면적

$S = \pi r^2$

의 4배라는 것을 가리키고 있다.

그런데, 아르키메데스가 반지름 r인 구의 표면적을 구한 방법은 다음과 같다.

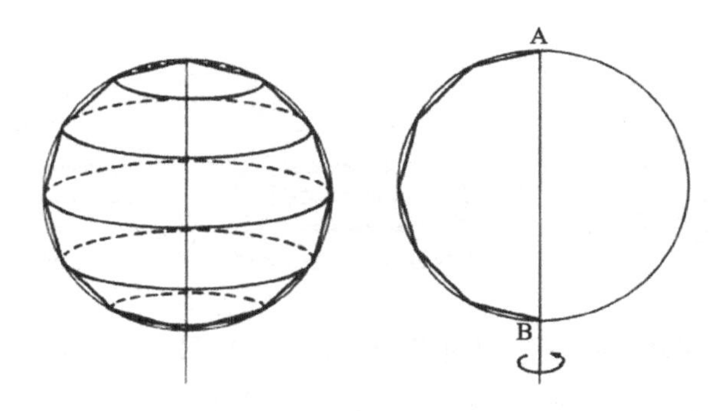


먼저, 한 개의 원을 그리고 그 지름 AB를 긋는다. 다음에 반원 AB를 몇 개로 등분하여, A에서부터 시작해서 이들 등분점을 차례로 연결하고 마지막에 B에서 끝나게 한다.

그리고 이 그림을 지름 AB의 주위로 1회전시키면, 그림과 같이 전등갓을 여러 개 붙인 것과 같은 형태가 된다.

이 전등갓의 모양은 그 표면적을 계산할 수 있으므로 그것들을 합친 것도 계산할 수 있다.

이렇게 해 두고, 반원 AB를 등분하는 수를 무한히 증가시켜 가면, 이 형태는 얼마든지 구면에 접근해 가기 때문에, 이것으로부터 구의 표면적이 계산된다.

### 구의 체적

아르키메데스는 구의 체적에 대해서도 열심히 연구하여, 반

지름이 r인 구의 체적 V는

$$V=\frac{4}{3}\pi r^3$$

으로 주어진다고 하는 공식을 증명했다.

이 공식을 증명하기 위한 아르키메데스의 사고방식은 다음과 같다.

먼저, 구의 체적을 구하기 위해서는 반구의 체적을 구하면 된다고 생각하고, 한 개의 반구를 생각한다.

다음, 이 반구의 중심 O를 통과하여 반구의 바닥면에 수직인 반지름 OA를 긋고, 이 반지름 r의 길이를 n등분한다.

그리고 다음에 이들 등분점을 통과하여 바닥면에 평행의 평면을 긋고, 이들 평면과 구면과의 교접을 생각한다. 이것들은 모두 원이다.

다음에 이들 원을 윗면으로 하고 r/n을 높이로 하는 직각원기둥을 생각한다.

그렇게 하면 반구의 체적은 이들 직각원기둥의 체적을 더한 것보다 커진다.

다음에 이들 원을 아랫면으로 하고 r/n을 높이로 하는 직각원기둥을 생각한다.

그렇게 하면 반구의 체적은 이들 직각원기둥을 더한 것보다는 작아진다.

이렇게 생각하고, 반지름 OA를 등분하는 수 n을 무한히 크게 해 가면, 반구의 체적보다 작은 직각원기둥의 체적의 합과 반구의 체적보다 큰 직각 원기둥의 체적의 합은 모두 반구의 체적에 접근해 가므로 이것으로부터 반구의 체적을 얻는다.

그 결과는

$$\frac{2}{3}\pi r^3$$

이지만, 이것을 2배 하면 반지름 r인 구의 체적

$$\frac{4}{3}\pi r^3$$

을 구할 수 있다.

### 또 하나의 사고방법

여러분 중에는 반지름 r인 구의 체적 V는

$$V=\frac{4}{3}\pi r^3$$

으로서 주어진다고 할 때 분자인 4나 분모인 3은 어디서 왔을까 하고 이상하게 생각할 사람이 있을지 모른다.

이것을 설명하는 다음과 같은 또 하나의 사고방식이 있다.

우리는 반지름 r인 구의 표면적 S는

$$S=4\pi r^2$$

으로서 주어진다는 것을 알고 있다.

이 구의 표면적을

$$S_1,\ S_2,\ S_3,\ \cdots,\ S_i,\ \cdots,\ S_n$$

이라고 하는 매우 많은 부분으로 나누었다고 생각해 보면

$$S=S_1+S_2+S_3+\cdots+S_i+\cdots+S_n$$

이다. 더구나 이 등분방법을 더욱 미세하게 했다고 생각하면, 이것들은 모두가 거의 평면의 일부와 다름이 없다고 생각할 수 있다.

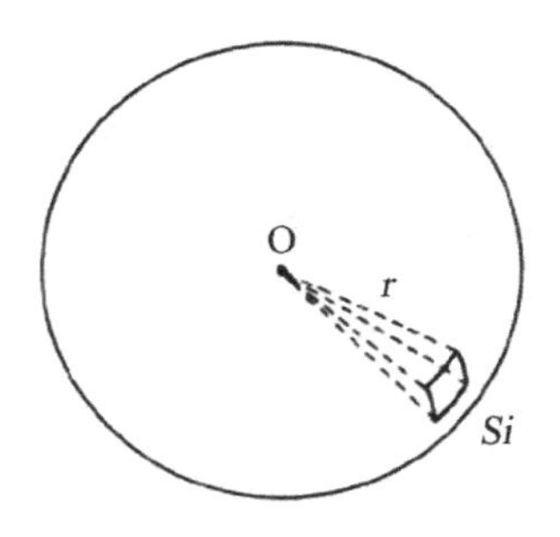


그렇게 생각하고 O를 꼭짓점, 이것들을 바닥면으로 하는 각뿔(角錐)을 생각하면 그것들의 체적은

$$\frac{1}{3}rS_1,\ \frac{1}{3}rS_2,\ \frac{1}{3}rS_3,\ \cdots,\ \frac{1}{3}rS_i,\ \cdots,\ \frac{1}{3}rS_n$$

인데, 이것들을 더한 것이 구의 체적이므로 그것은

$$\frac{1}{3}r(S_1+S_2+S_3+\cdots+S_i+\cdots+S_n)$$

즉

$$\frac{1}{3}r\cdot S=\frac{1}{3}r(4\pi r^2)=\frac{4}{3}\pi r^3$$

이 된다. 이것은 왜 분자에 4가 나타나고, 분모에 3이 나타나느냐는 것을 설명해 주고 있다.

## 아르키메데스의 버릇

아르키메데스는 재미있는 버릇을 갖고 있었다. 당시는 판판한 판자 위에 모래를 얇게 뿌리고, 그 위에다 도면을 그리면서 기하를 연구하고 있었다. 즉 이것이 당시의 흑판이었던 셈이다.

아르키메데스는 이와 비슷한 것만 있으면 무엇이든지 닥치는 대로 이용했다. 이를테면 판판한 판자 위에 먼지가 쌓여 있으면 이 먼지를 털어내는 대신, 그 먼지 위에 그림을 그려서 기하학의 연구를 시작했다. 또 불탄 자리에서는 그 재를 판판하게 놓고, 그 위에 그림을 그리면서 연구했다.

또 당시에도 목욕탕에서 나온 후 온몸에 올리브기름을 바르는 습관이 있었는데, 그럴 때도 아르키메데스는 자신의 피부 위에 손가락으로 그림을 그리면서 기하학을 연구하는 버릇이 있었다.

## 아르키메데스의 최후

로마의 대군이 시라쿠사를 포위하여 공격하고 있을 때의 일이다. 아르키메데스는 시라쿠사군의 군사고문으로서 많은 기발한 무기를 발명하여 로마군을 괴롭혔다.

이를테면 그는 커다란 나무와 돌을 멀리까지 던질 수 있는 기계를 발명하여 이것들을 로마군의 머리 위에 퍼부었다.

또 태양광선을 반사해 그것을 한 점에다 모아 로마의 함대를 불태우기도 했다고 한다.

그러나 그런데도 불구하고 마침내 시라쿠사가 함락되는 날이 왔다. 로마군은 마침내 시라쿠사의 거리로 침입해 왔다.

로마군의 한 병사가 아르키메데스의 집 안으로 들어왔을 때도, 아르키메데스는 여전히 마룻바닥에 원을 그려 놓고 연구에 골몰하고 있었다. 그래서 이 병사가 아르키메데스가 마룻바닥에 그려 놓은 원을 밟았을 때, 그는 저도 모르게

'내 원을 밟지 마!'

하고 소리쳤다. 말이 통하지 않았던 로마병사는 이것을 반항하는 소리로 잘못 알아들었는지, 그 자리에서 아르키메데스를 찔러 죽이고 말았다.

나중에야 아르키메데스의 죽음을 안 로마군의 대장 마루세르스는, 천재 아르키메데스를 애석히 여기고 아래의 그림과 같은 무덤을 만들어 아르키메데스를 정중히 장사지냈다고 한다.

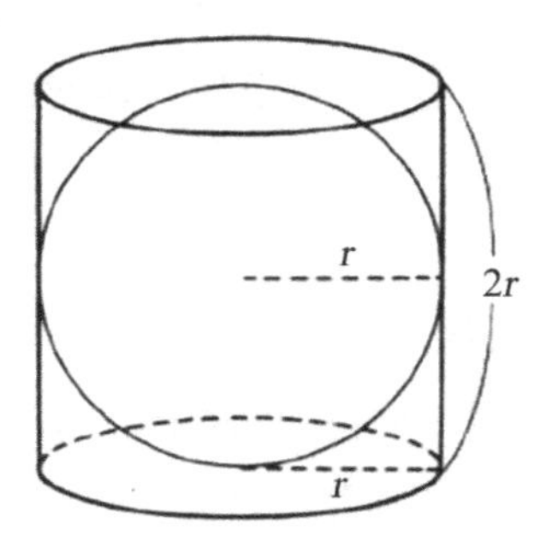


이 무덤은 구에 관한 아르키메데스의 연구결과를 아주 잘 나타내고 있다.

먼저, 구의 반지름을 r이라고 하면, 그것에 외접하는 직각원기둥의 아랫면은 반지름 r인 원이고, 그 둘레는

$2\pi r$

이고, 높이는

$2r$

이다. 따라서 이 직각원기둥의 옆면의 면적은

$$2\pi r \times 2r = 4\pi r^2$$

따라서 이 옆면적은 구의 표면적과 같다. 또 구에 외접하는 직각원기둥의 아랫면의 면적은

$$\pi r^2$$

로, 그 높이는

$$2r$$

이다. 따라서 그 체적은

$$\pi r^2 \times 2r = 2\pi r^3$$

이다. 따라서 그것의 $\frac{2}{3}$,

$$2\pi r^3 \times \frac{2}{3} = \frac{4}{3}\pi r^3$$

이 구의 체적과 같아진다.

## 제논(Zenon, B.C. 490?~429?)

엘레아의 철학자 제논은 직선 또는 다른 크기의 무한분할(無限分割)에 반대하여, 여러 가지 역설(逆說)을 내놓아 사람들을 괴롭혔는데, 그중에서도 제일 유명한 '아킬레스와 거북'이라는 이야기는 다음과 같다.

### 아킬레스와 거북

그리스 신화에 나오는 걸음이 빠르기로 유명한 아킬레스가 자기보다 앞쪽을 달려가는 거북을 따라 잡는다고 하자.

아킬레스가 본래 거북이 있던 곳까지 왔을 때는 거북의 걸음이 아무리 늦을지언정, 그동안에 거북은 또 얼마쯤을 전진해 있다. 다음에 아킬레스가 다시 거북이 있던 두 번째 지점까지 왔을 때도 어쨌든 간에 거북은 또 얼마쯤을 전진해 있다. 다시 아킬레스가 거북이 있던 세 번째 지점까지 왔을 때, '거북은 그래도 얼마쯤을 전진하고 있다. ……

이런 상태이기 때문에 아킬레스는 언제까지고 거북을 추월할 수가 없다고 하는 것이 제논의 역설이다.

여러분은 이 역설을 어떻게 설명하겠는가? 필자는 다음과 같이 이해하는 것이 좋을 듯싶다.

가령 아킬레스의 속도는 거북의 속도의 10배라고 하고, 아킬레스는 100m 전방에 있는 거북을 따라 잡는 것으로 한다.

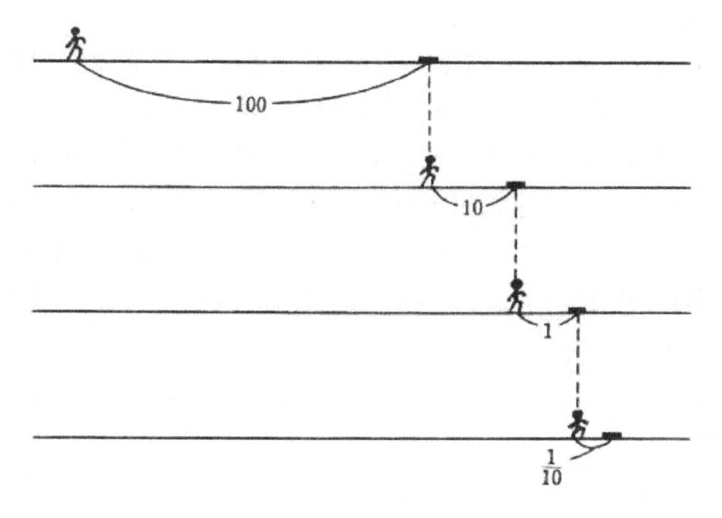


아킬레스가 100m를 달려가서 본래 거북이 있던 곳까지 오면, 그사이에 거북은 100m의 10분의 1의 지점인 10m만큼 전진해 있는 셈이 된다.

아킬레스가 10m를 달려가서 거북이 있던 본래의 지점에 오면, 그 사이에 거북은 이 10m의 10분의 1인 1m만큼 전진해 있다. 아킬레스가 이 1m를 달려가서 거북이 있던 자리에 오면, 그 사이에 거북은 이 1m의 10분의 1m를 전진해 있는 셈이 된다.

이렇게 계속해 가기 때문에 거북은 언제나 아킬레스의 전방에 있고, 따라서 아킬레스는 거북을 추월할 수 없다고 하는 것이 제논의 역설이다.

그런데 위의 이야기는 거리만을 문제로 삼고 있는데, 여기서 시간을 문제로 삼아보기로 하자. 그러기 위해서 아킬레스가 100m를 달려가는 데는 10초가 걸린다고 하자.

그렇게 하면 아킬레스가 100m를 달려가서 거북이 있던 본래의 지점까지 오는 데에는 10초가 걸린다. 이 사이에 거북은 10m 전방에 나아가 있다. 아킬레스가 이 10m를 달려가서 다시 거북이 있던 본래의 지점까지 오는 데는 1초가 걸린다. 이 1초 동안에 거북은 1m 전방으로 가 있다. 아킬레스가 이 1m를 달려가서 거북이 있던 곳까지 오는 데는 10분의 1초가 소요된다. 이 10의 1초 사이에 거북은 또 10분의 1m를 앞쪽으로 나아가 있다.

그러면 이 이야기에 나오는 아킬레스의 소요 시간을 합산해 보면

$$10+1+0.1+0.01+0.001=11.111\cdots$$

이다. 그런데 우리는

$$11.111\cdots=\frac{100}{9}$$

이라는 것을 알고 있다.

따라서 이 제논의 역설은 시간을 문제로 삼았을 때,

'아킬레스는 거북에게 $\frac{100}{9}$초 이내에는 따라붙지 못한다.'

는 사실을 설명할 뿐 별로 이상할 것이 없다는 이야기가 되어 버린다.

# 플라톤(Platon, B.C. 427~347)

그리스의 대 철학자 소크라테스는 『대화법(對話法)』 또는 『문답법(問答法)』에 의해서 청년을 깨우쳐 이상적인 국가를 만들어 보려고 시도했었지만, 당시의 지배자에게 받아들여지지 않았고 도리어 억울한 누명으로 죽임을 당할 때 감옥에서 태연히 독약을 마셨다는 이야기는 너무나 잘 알려진 일이다.

플라톤은 바로 소크라테스의 수제자였다.

스승 소크라테스가 죽은 뒤 플라톤은 혼자 여행을 떠나 오랫동안 여러 나라를 돌아다니며 각지의 철학자, 수학자들과 친교를 맺었다.

## 기하학을 모르는 사람은 이 문을 들어서지 말라

아테네로 돌아온 플라톤은 아카데미아의 숲에 학교를 개설하고, 제자를 양성하고 연구에 전념하며 일생을 보냈다.

플라톤의 스승 소크라테스는 수학에는 그다지 관심을 두지 않았으나 플라톤은 수학, 특히 기하학을 매우 중시했다. 그가 아카데미아의 입구에

'기하학을 모르는 사람은 이 문을 들어서지 말라.'

라고 크게 써 붙였다는 것은 유명한 이야기다.

또 플라톤의 후계자로서 이 아카데미아의 선생이었던 크세노크라테스(Xenokrates, 기원전 396?~313?)는 수학의 교양이 없는 사람들에게 대해서는

'물러가라. 너는 철학을 깨칠 수 없으니까.'

라고 말했다고 한다.

### 정의, 공준, 공리

플라톤은 전문적인 수학자는 아니었지만, 수학의 연구결과에 관해서는 매우 깊은 생각을 가지고 있었다.

그는 먼저, 수학을 전개할 때는 그 속에서 사용하는 말의 뜻을 명확히 규정지어 두어야 한다고 주장했다. 수학을 학문적으로 전개할 때 나오는 말의 의미를 명확하게 규정한 것을 그 말의 정의(定義)라고 한다.

또한 정의의 근거가 되는 것을 명확히 제시해 두어야 한다고 주장했다. 기하학의 정의의 근거로 삼는 것은 당시 공준(公準)이라고 불리었다.

물론 기하학뿐만 아니라, 수학 일반을 논의할 경우에도 그 근거를 명확히 제시해 두어야 한다. 수학 일반의 논의에서 근거로 삼는 사항들은 당시 공준(公準)이라고 불리었다.

그러나 현재는 공준과 공리를 구별하지 않고 통틀어서 공리라고 부른다.

## 입체도형

플라톤학파의 사람들은 특히 입체도형을 열심히 연구했다. 따라서 플라톤의 입체라고 말하면, 그것은 당연히 정다면체를 의미한다.

또한 그들은 각기둥, 각뿔, 원기둥, 원뿔도 열심히 연구했다.

원뿔에 관한 그들의 연구는 나중에 메나이크모스의 연구를 자극한 것이라고 생각된다.

## 메나이크모스(Menaechmos, B.C. 375?~325?)

고대 마케도니아의 알렉산더 대왕은 동쪽의 인도에서부터 서쪽으로 이탈리아에 이르는 대국가를 건설했다. 그는 무력과 정치뿐만 아니라 학술 문화의 교류에도 지대한 공헌을 했다. 그리스에서 발달한 문화를 다른 나라로 옮겨 주었는데, 특히 동양의 문화를 그리스 문화에다 도입하는 데 크게 공헌했다. 이리하여 형성된 문화를 헬레니즘(Hellenism)문화라 일컫는다.

이 알렉산더 대왕의 수학선생이 바로 메나이크모스인데, 그는 역사상 처음으로 원뿔곡선을 생각했다.

### 세 종류의 원뿔곡선

여기서 원뿔이라는 것은 공간에 S로 교차하는 2개의 직선 a와 b가 있을 때, 그것들의 상대적 위치를 유지하면서 직선 b를 직선 a의 주위에 1회전시켰을 때, 직선 b가 그리는 곡면을 말한다. 이때 S를 이 원뿔의 꼭짓점, 직선 b의 임의의 위치를 이 원뿔의 모선(母線)이라고 부른다. 원뿔은 그림에서 알 수 있듯이 꼭짓점 S의 양쪽으로 무한히 퍼져나간 곡면이다.

그런데 메나이크모스는 먼저 꼭짓점 S에 있어서의 모선이 이루는 각의 벌어짐이 예각(銳角), 즉 직각보다 작은 원뿔을 생각하고, 이것을 하나의 모선에 수직인 평면에서 절단한다. 그러면 단면에 그림과 같은 닫힌곡선(閉曲線)이 나타난다. 현재 타원(ellipse)이라고 불리는 곡선이다.

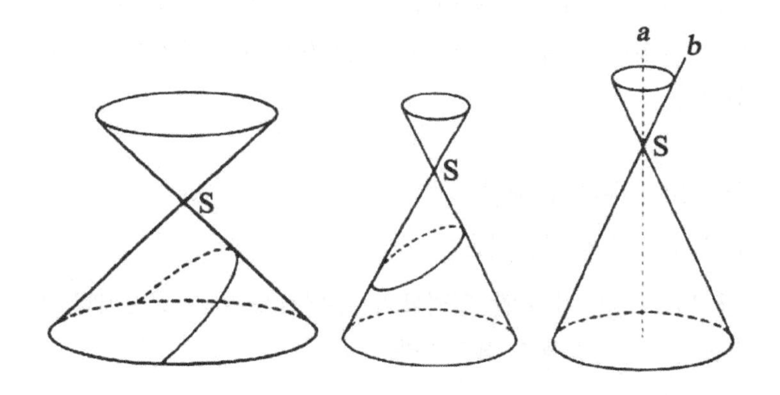


다음에 그는 꼭짓점 S에서 모선이 이루는 각의 벌어짐이 직각인 것과 같은 원뿔을 생각하고, 이것을 하나의 모선에 수직인 평면으로 절단한다. 그러면 단면에 그림과 같은 한쪽으로 무한히 확산된 곡선이 나타난다. 현재 포물선(parabola)이라고 불리는 곡선이다.

이번에는 꼭짓점 S에서 모선이 이루는 각의 벌어짐이 둔각(鈍角), 즉 직각보다 큰 원뿔을 생각하고, 이것을 하나의 모선에 수직인 평면으로 절단한다. 이때 평면은 꼭짓점 S의 양쪽에서

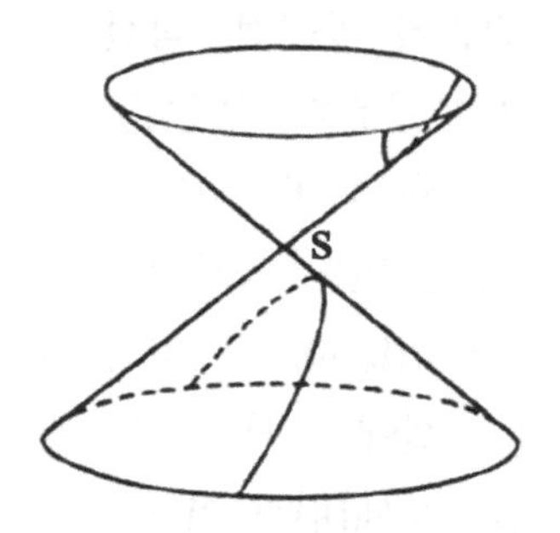


모선과 교차하므로, 그 단면에는 그림과 같이 양쪽으로 무한히 확산된 곡선이 나타난다. 현재 쌍곡선(hyperbola)이라고 불리는 곡선이다.

### 델로스의 문제의 해답

델로스의 문제라는 것은

'한 변의 길이가 $a$인 입방체가 주어졌을 때, 그 2배의 체적을 갖는 입방체를 작도하라.'

는 문제였다.

이것에 대해 히포크라테스는

'비례식 $a:x=x:y=y:2a$를 만족하는 $y$를 발견하면, $x$가 구하는 입방체의 한 변이다.'

라고 말했다.

왜냐하면 $a:x=x:y$로부터

$$x^2=ay$$

$x:y=y:2a$로부터

$$y^2 = 2ax$$

를 얻지만 앞의 식을 제곱하면

$$x^4 = a^2y^2$$

이것에 나중 식을 대입하면

$$x^4 = 2a^3x$$

따라서

$$x^3 = 2a^3$$

이 얻어지기 때문이었다.

그런데 메나이크모스는 지금의 말로 표현하면 방정식

$$x^2 = ay$$

는 $y$축을 축으로 하는 포물선을 나타내고, 방정식

$$y^2 = 2ax$$

는 $x$축을 축으로 하는 포물선을 나타낸다는 것을 알고 있었다.

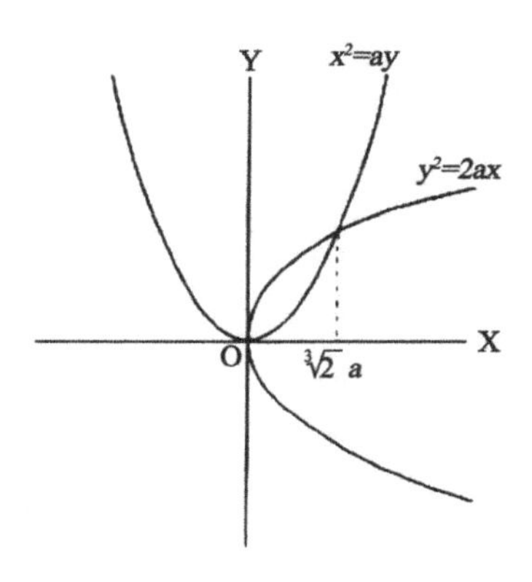

따라서 그는 이 2개의 방정식이 나타내는 포물선의 교점의 $x$좌표로서

$$x^3 = 2a^3$$

을 만족하는 $x$, 즉

$$x = \sqrt[3]{2a}$$

를 작도하여 델로스의 문제를 풀었다.

## 기하학에는 오직 한 가지 길밖에 없다

그런데 이 메나이크모스는 당시의 알렉산더 대왕에게 기하학을 강의하고 있었는데, 어느 날 대왕이 '메나이크모스여, 기하학을 배우는 데는 좀 더 간단한 방법이 없을까?' 하고 한탄한 데 대해서 메나이크모스는 '대왕님, 시골에는 여러 가지 길이 있을지도 모릅니다만, 기하학에는 오직 한 가지 길밖에 없습니다.' 하고 대답했다고 한다.

## 유클리드(Euclid, B.C. 330?~275?)

알렉산더 대왕은 동쪽의 인도로부터 서쪽의 이탈리아에 이르는 큰 국가를 건설했으나, 그가 죽은 후 큰 나라는 분열되고 말았다. 그러나 이집트는 알렉산더 대왕의 무장이던 톨레미(Ptolemy, 기원전 367~283)에 의해서 계승되어, 그 수도 알렉산드리아는 오랫동안 문화의 중심지로서 번영했다. 결국 이집트에서 태어난 고대문화는 이집트에서 자랐고 동쪽, 북쪽으로 갔다가 다시 이집트로 되돌아와서 번창했다.

그리스의 수학자 유클리드의 이름은 너무나 유명하지만, 이 유클리드의 생애에 대해서는 거의 알려져 있지 않다. 어떤 사람은 기원전 330년에 태어났다고 말하고, 또 다른 사람은 기원전 365년에 태어났다고도 말한다.

어쨌든 유클리드가 알렉산더 대왕의 후계자인 톨레미 1세의 초청에 응해서 알렉산드리아로 가서, 제자를 양성하고 연구를 위해 평생을 바친 것은 확실한 일인 것 같다.

### 『원론』

유클리드는 이 알렉산드리아에서의 교과서로서 『원론』(原論, 또는 幾何學原論)이라고 불리는 책을 썼다.

영국의 수학자 드 모건(Augustus de Morgan, 1806~1871)은 이 『원론』에 대해서 다음과 같이 말하고 있다.

> '성서(聖書)를 제외하면 이 유클리드의 『원론』만큼 많은 사람에게 읽혀지고, 여러 나라 말로 번역 된 책은 없을 것이다.'

이 『원론』은 모두 13권으로 이루어진 대저술인데, 제1권에서부터 제4권까지는 평면기하학을 다루고 있다.

제5권에서는 비례의 이론을 다루고, 제6권에서는 그것의 응용에 관해서 설명하고 있다.

제7, 8, 9권은 수론(數論), 제10권은 무리수(無理數), 제11, 12, 13권은 입체도형을 다루고 있다.

### 정의, 공준, 공리

『원론』의 제1권 처음에는 플라톤이 주장한 것처럼 앞으로 사용할 말의 의미, 즉 용어의 정의(定義)가 주어져 있다. 즉

(1) 점이란 부분을 갖지 않는 것이다.

(2) 선이란 폭을 갖지 않는 길이이다.

(3) 선의 끝은 점이다.

에서부터 시작해

⋮

(23) 동일한 평면 위에서 양쪽으로 얼마만큼을 연장하더라도, 어느 쪽에서도 교차하는 일이 없는 두 직선을 평행선이라고 부른다.

에까지 미치고 있다.

그다음 유클리드는 공준(公準)이라는 표제를 내걸고, 앞으로 기하학을 연구해 가는 데에는 다음의 사항을 가정한다고 말하며, 다섯 가지의 공준을 들고 있다.

(1) 임의의 점으로부터 또 다른 임의의 점까지 단 한 개의 직선을 그을 수가 있다.

(2) 유한한 직선은 이것이 직선이 되도록 연속적으로 연장할 수 있다.

(3) 임의의 점을 중심으로 하고, 임의의 길이를 반지름으로 하여 한 개의 원을 그릴 수가 있다.

(4) 모든 직각은 서로 같다.

(5) 만약 한 개의 직선이 다른 두 직선과 교차하여 만드는 같은 쪽에 있는 내각의 합이 두 직각보다 작았다면, 이 두 직선을 무한히 연장해 가면, 이 두 직선은 내각의 합이 두 직각보다 작은 쪽에서 만난다.

다음에 유클리드는 공리(公理) 또는 공동개념이라는 표제를 내걸고 다음의 다섯 가지를 들고 있다.

(1) 같은 것과 같은 것은 서로 같다.

(2) 같은 것과 같은 것을 더하면 전체도 또한 같다.

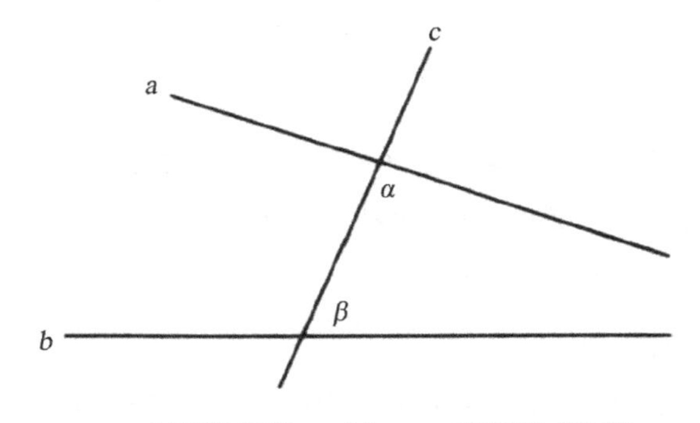


$\alpha+\beta<2$직각이라면 a, b는 $\alpha$, $\beta$쪽에서 만난다

(3) 같은 것으로부터 같은 것을 빼면 나머지는 또한 같다.

(4) 서로 일치하는 것은 서로 같다.

(5) 전체는 부분보다 크다.

플라톤에서도 말했듯이 여기서 공준(公準)이라는 것은 앞으로 기하학의 이론을 전개해 나가는 데 있어서, 참(眞)이라고 인정하고 논의의 기초로 삼는 것이라는 뜻이며, 공리라는 것은 기하학뿐만 아니라 수학 일반의 논의를 진행시켜 나가는 데 누구나가 진리라고 인정하는 것이라는 뜻인데, 현재는 공준과 공리를 구별하지 않고 통틀어서 공리라고 부르며, 참이라고 인정하여 이것으로부터 논의의 기초로 삼는다는 의미로 사용되고 있다.

### 제5공준

그런데 위에서 든 다섯 가지 공준과 다섯 가지 공리를 살펴보면, 다섯 번째의 공준만이 특별히 긴 것을 알게 된다.

그가 왜 이 같이 복잡한 제5공준을 필요로 했는지는 제1권에서의 정의, 공준, 공리를 인정하고 난 후 48개의 명제를 차례로 조사해 보면 잘 알 수 있다.

그는 먼저 48개의 명제 중 제5공준을 사용하지 않아도 증명할 수 있는 것을 1부터 28번째까지 들고 있다.

이를테면 그는 그 17번째에 다음의 명제를 들고 있다.

**명제 17** 임의의 삼각형에서, 임의의 두 내각의 합은 두 직각보다 작다.

증명은 다음과 같다. 먼저 삼각형을 ABC로 하고 변 AB의 중점을 M이라 한다. 다음에 C와 M을 연결하여 연장하고, 그 위에 CM의 길이와 MD의 길이가 같아지게 점 D를 취한다. 또 CB의 연장을 CBE로 해 둔다.

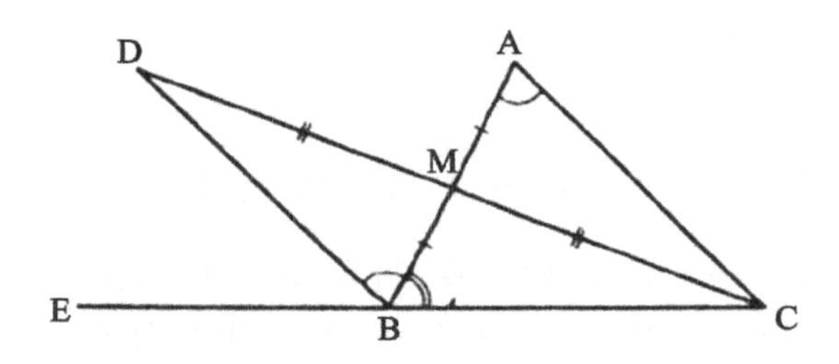


삼각형 AMC를, M을 중심으로 해서 180도 회전시키면 A는 B에, C는 D에 겹쳐진다. 따라서

∠MAC=∠MBD

따라서

∠A+∠B=∠DBC

이다.

그런데 점 D는 직선 EBC에 대해서 점 A와 같은 쪽에 있으므로

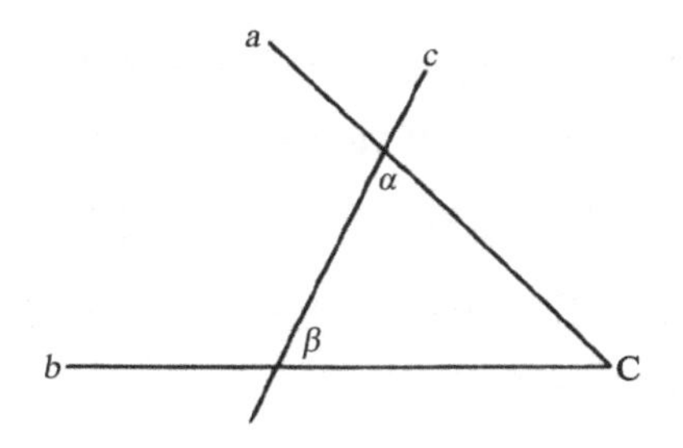

a, b가 C에서 교차하고 있으면 $\alpha+\beta<2$직각

$\angle DBC<2$직각

따라서

$\angle A+\angle B<2$직각

이다.

이 결과는 다음과 같이 바꿔 말할 수가 있다. 즉

'직선 a와 b가 점 C에서 교차하고 있으면, 제3의 직선 c와 a, b가 만드는 내각 중 c 쪽에 있는 것의 합은 2직각보다 작다.'

이 명제의 역이 실은 제5공준이라는 것에 주의하기 바란다. 유클리드는 이 명제를 증명할 수는 있었지만, 그 반대는 증명할 수 없었기 때문에 그것을 제5공준으로 결정한 것이다.

유클리드는 제28번째의 명제로서 다음을 증명하고 있다.

**명제 28** 한 직선이 두 직선과 교차해서 만드는 같은 쪽에 있는 내각의 합이 두 직각이었다면, 이 두 직선은 평행이다.

이것은 다음과 같이 해서 증명된다.

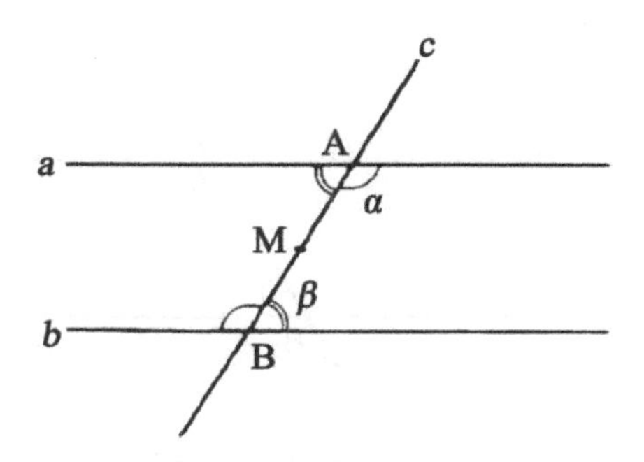


$\alpha+\beta$=2직각이면 a와 b는 평행

일직선 c가 두 직선 a, b와 각각 A, B에서 교차하고, 그 같은 쪽에 만드는 각을 각각 $\alpha$, $\beta$라고 하면, 가정에 의해서 그림에서 같은 표지를 한 각끼리는 같아진다.

따라서 선분 AB의 중점을 M으로 하고, 이 도형을 M의 주위에 180도 회전시키면 직선 a는 직선 b와 겹치고, 직선 b는 직선 a와 겹친다.

따라서 직선 a와 b가 어느 쪽에서 교차한다고 하면, 다른 쪽에서도 교차하는 것이 되어, 두 점을 잇는 직선이 두 개가 되므로 모순이 생긴다.

따라서 직선 a, b는 어느 쪽에서도 교차하는 일이 없으므로 이 두 직선은 평행이다.

유클리드는 명제 28의 반대에 해당하는 다음의 명제 29를 증명하는 데 제5공준을 사용한다. 명제 29는 다음과 같다.

**명제 29** 한 직선이 평행인 두 직선과 교차하면, 같은 쪽에 생기는 내각의 합은 항상 2직각이다.

왜냐하면 직선 c가 평행인 두 직선 a, b와 교차해서 같은

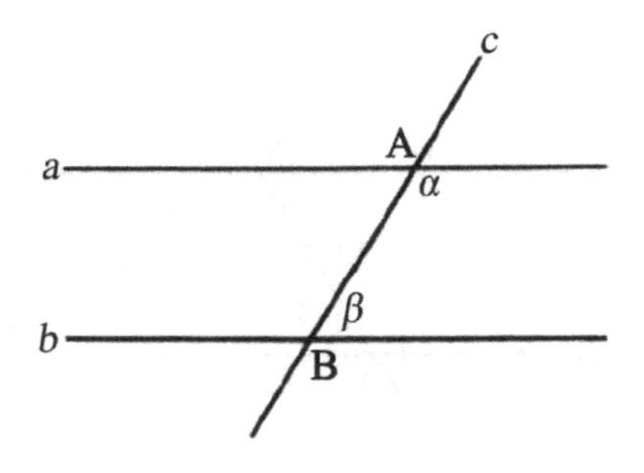


a와 b가 평행이면 $\alpha+\beta=2$직각

쪽에 생기는 각을 $\alpha$, $\beta$라 할 때, 만약

$\alpha+\beta<2$직각

으로 하면, 제5공준에 의해서 a와 b는 이들 각의 어느 쪽에서 교차하게 되고, 이것은 a와 b가 평행이라는 가정에 모순된다.

또 만약

$\alpha+\beta>2$직각

으로 하면 $\alpha$, $\beta$의 반대쪽의 각 $\alpha'$, $\beta'$에 대해서는

$\alpha'+\beta'<2$직각

이 된다. 따라서 제5공준에 의해서 a와 b는 $\alpha'$와 $\beta'$가 있는 쪽에서 교차하게 되고, 이것도 a와 b는 평행이라는 가정에 모순된다.

따라서

$\alpha+\beta=2$직각

이 아니면 안 된다.

종합해 보면

$\alpha+\beta=2$직각이면 a와 b는 평행

a와 b가 평행이라면 $\alpha+\beta=2$직각

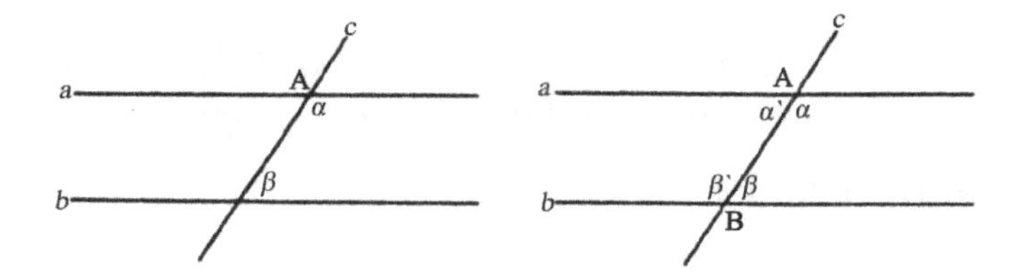


인 것을 알았을 터이므로, 그림의 점 A를 통과해서 직선 b에 평행선을 긋고 싶다면, A를 통과해서 한 개의 직선 c를 긋고

$\alpha+\beta=2$직각

이 되게 직선 a를 그으면 된다. 이 밖에 A를 통과하는 평행선은 없다는 것이 된다.

따라서 제5공준을

'직선 밖의 한 점을 통과하며 이것에 평행한 직선은 오직 하나뿐이다.'

라고 바꿔 말할 수도 있다.

이렇게 바꿔 말했을 때는 이것을 「플레이페어(J. Playfair, 1748~1819)의 공리」라고 부르기도 한다.

## 이 청년에게 동전이나 주어라

어떤 청년이 유클리드에게서 기하학을 배우기 시작했다. 그런데 얼마 후 이 청년은 유클리드에게

'선생님, 이런 까다로운 것을 배워서 도대체 어떤 이득이

있을까요?'

하고 물었다. 유클리드는 이 질문에는 대답을 하지 않고, 하인을 불러서 이렇게 말했다고 한다.

'이 청년에게 동전이나 주어라. 이 청년은 학문을 하면 무언가 현실적인 이득을 얻어야 하는 것으로 생각하고 있는 모양이니까 말이다.'

### 기하학에는 왕도가 없다

유클리드를 알렉산드리아로 초빙한 톨레미 1세도 이 『원론』을 교과서로 삼아 유클리드에게 기하학을 배우기 시작했다. 그런데 톨레미 1세도 얼마 후 유클리드에게 다음과 같은 말을 했다.

'유클리드여, 그대의 『원론』에 의하지 않고서 기하학을 배우는 지름길은 없는가?'

이것에 대해 유클리드는 '기하학에는 왕도(王道)가 없습니다.'라고 대답했다고 전해진다.

## 아폴로니오스
## (Apollonios, B.C. 262?~200?)

필자는 고등학교 시절에 「아폴로니오스의 정리」를 배웠다.

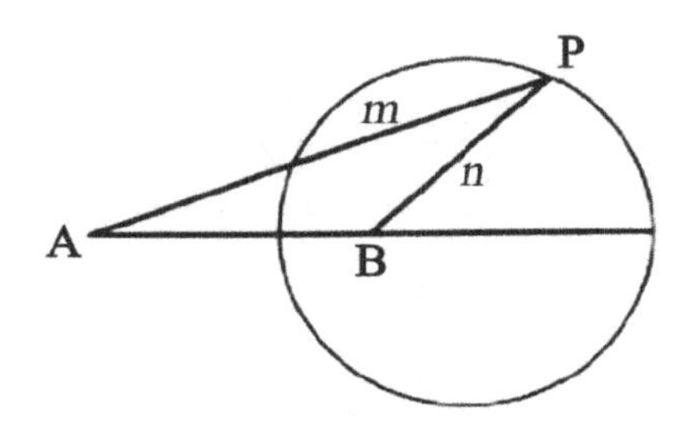


'두 정점(定點) A에서 B까지의 거리의 비가 1이 아닌 일정 값 m : n인 점은 하나의 원을 그린다.'

필자는 「피타고라스의 정리」라든가, 「아폴로니오스의 정리」라는 수학자의 이름이 붙여진 정리의 내용을 알았을 때, 학문의 세계와 접촉한 것 같은 기분이 들어 무척 기뻐했던 일을 기억하고 있다.

아폴로니오스는 기원전 262년에 태어나서 기원전 200년경에 죽었다고 전해지며, 알렉산드리아에서 오랫동안 연구생활을 보내고 후에 그곳에서 교수가 되었다고 한다.

아폴로니오스는 앞에서 말한 메나이크모스의 사상을 계승하여 원뿔의 단면에 나타나는 곡선, 즉 원뿔곡선을 연구하여 8권으로 이루어지는 『원뿔곡선론(圓錐曲線論)』을 저술했다.

아르키메데스, 유클리드, 아폴로니오스는 알렉산드리아 시대의 3대 수학자라고 할 수 있을 것이다.

## 원뿔곡선

메나이크모스는 꼭짓점에서의 개구(開口)인 각종 원뿔을 하나의 모선에 수직인 평면으로 절단하여 그 단면에서 타원, 포물선, 쌍곡선을 얻었는데, 아폴로니오스는 동일한 원뿔을 각종 평면에서 절단하여 그 단면에서 이들 곡선을 얻고 있다.

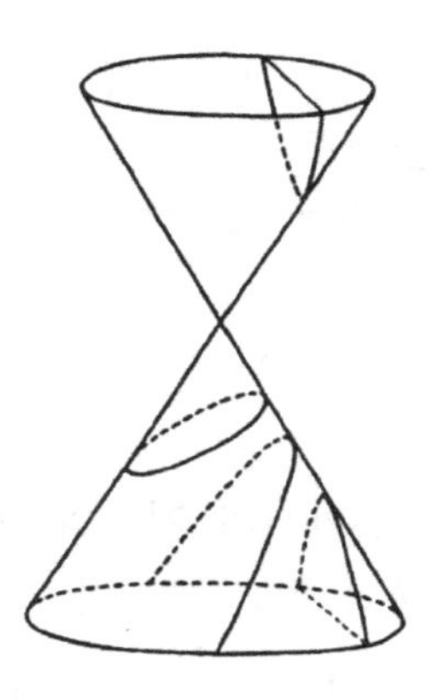

즉 단면의 평면과 밑면이 이루는 각이 모선과 밑면이 이루는 각보다 작으면 단면에 타원이, 같다면 단면에 포물선이, 크다면 단면에 쌍곡선이 나타난다고 생각했다. 이에 대해서 각각의 대칭축(對稱軸)을 긋고, 곡선과의 교점을 그림과 같이 O로 하여, 곡선상의 점 P로부터 대칭축으로 드리운 수직선의 끝을 A로 하면, $\ell$ 을 일정한 길이로 하여

$AP^2 < \ell \cdot OA$, $AP^2 = \ell \cdot OA$,

$AP^2 > \ell \cdot OA$

라는 관계가 성립한다.

아폴로니오스는 이들의 경우를 각각

부족한, 일치하는,

초과하는

경우라고 불렀는데, 타원(ellipse), 포물선(parabola), 쌍곡선(hyperbola)이라는 말은 이에 대응하는 그리스어에서 온 것이다.

## 타원

아폴로니오스는 먼저 타원을 연구하여 다음의 성질을 발견했다. 즉

'타원에 대해서는 초점이라고 불리는 두 개의 정점(定點) F와 F′가 있고, 타원 위의 임의의 점 P로부터 이 두 정점에 이르는 거리의 합 PF+PF′는 일정하다.'

따라서 타원의 작도법을 다음과 같이 생각할 수 있다.

먼저 초점 F와 F′에 각각 핀을 꽂는다. 그리고 FF′의 거리의

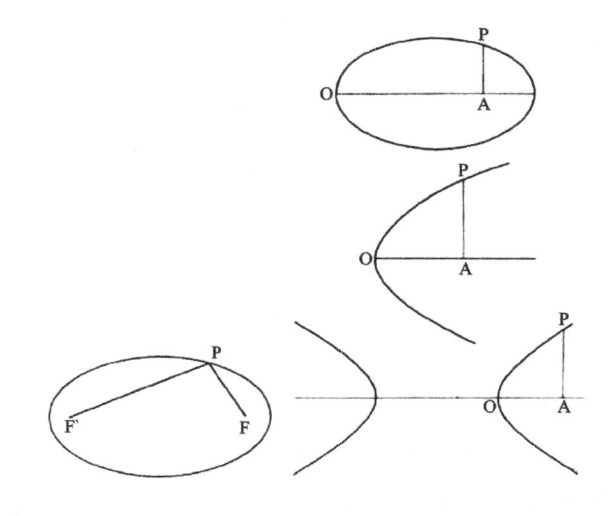

2배보다 긴 길이의 실을 고리로 만들어 핀에다 건 다음에 이 고리를 연필 끝으로 팽팽하게 당기면서 회전시키면, 연필 끝 P는 하나의 타원을 그린다. 왜냐하면 이 경우 분명히 PF와 PF′의 길이를 더한 것은 일정하기 때문이다.

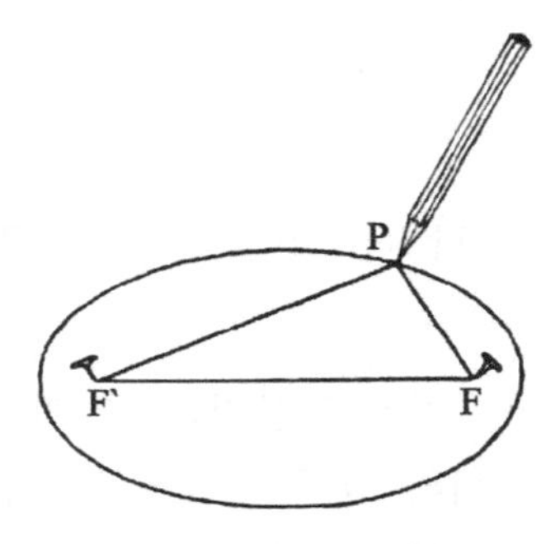


이때 연필 끝 P가 움직이려는 방향이 이 타원의 점 P에서의 접선 TT′의 방향을 준다. 더구나 이 경우

$\angle FPT = \angle F'PT'$

로 되어 있다.

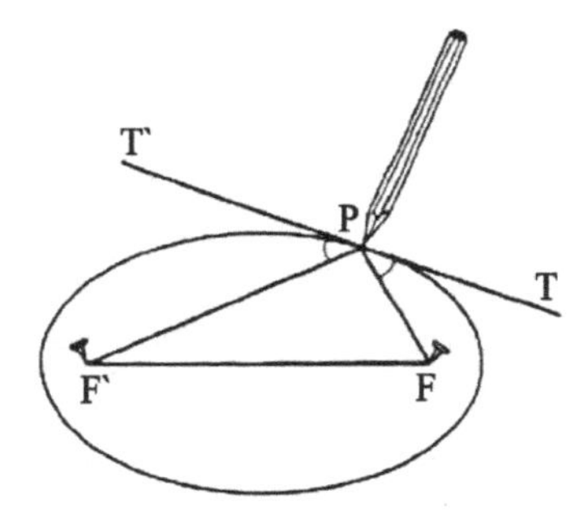


따라서 만약 타원의 초점이 있는 쪽을 거울로 해 두고, 한쪽 초점 F에 광원을 두면, 타원의 거울에 부딪혀 반사한 빛은 모

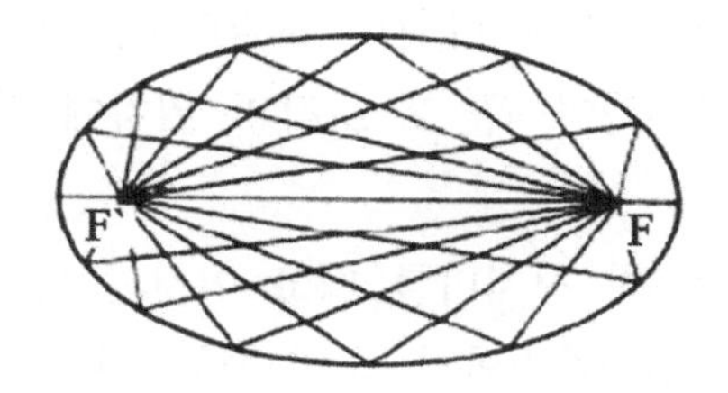


두 다른 초점 F′를 통과하게 된다.

열도 빛과 같은 법칙으로 반사하기 때문에 이 경우 점 F′가 타게 된다. 이것이 초점(焦點)이라는 말의 기원이다.

### 서부의 술집에서

소리도 빛이나 열과 같은 반사법칙을 따른다. 타원에 대한 이러한 성질을 알고 있는 서부의 보안관이 악당을 일망타진했다는 다음과 같은 이야기가 있다.

어느 마을의 보안관이 거리의 술집을 순시하고 있었다. 그때 보안관은 인상이 험악한 악당처럼 보이는 무리가 테이블에 앉아서 뭔가 소곤대고 있는 것을 발견했다.

곁에 가면 그들이 소곤대던 이야기를 멈출 것이 분명하다.

보안관은 이 술집이 마침 타원형 모양이고, 게다가 이 무리가 둘러싸고 있는 테이블이 꼭 그 초점의 위치에 있다는 것을 알아차렸다.

보안관은 모르는 척 시치미를 떼고 이것과 다른 초점에 해당하는 자리로 의자를 가져와서 앉았더니, 위에서 말한 타원의 초점의 성질에 의해 악당들이 소곤대는 이야기가 손에 잡히듯이 들렸다. 이리하여 악당들은 그 계획을 실행하기 전에 일망타진이 되었다고 한다.

## 포물선

아폴로니오스는 포물선을 연구해 다음의 성질을 발견했다. 즉

'포물선에 대해서는 초점이라고 불리는 한 정점(定點) F와 준선(準線)이라고 불리는 하나의 정직선(定直線) $g$가 있어, 포물선 위의 임의의 한 점 P로부터 이 정점 F까지의 거리와 이 정직선 $g$까지의 거리는 항상 같다.'

따라서 다음과 같이 포물선의 작도법을 생각할 수 있다.

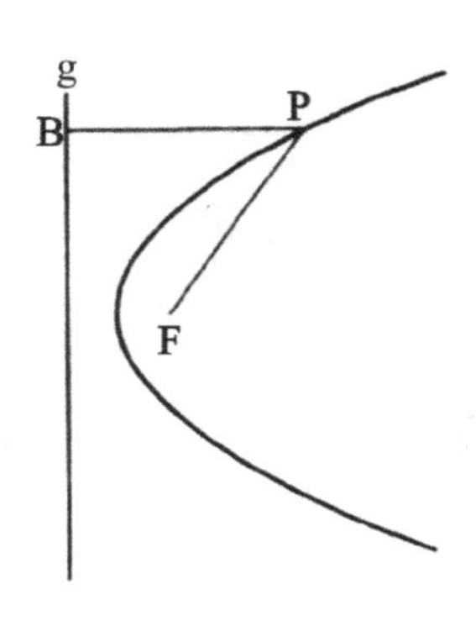

먼저, 하나의 직선자와 삼각자 ABC를 취하고, 직선자를 준선 $g$에 대고, 삼각자 ABC의 직각을 끼는 변 AB를 직선자에 댄다.

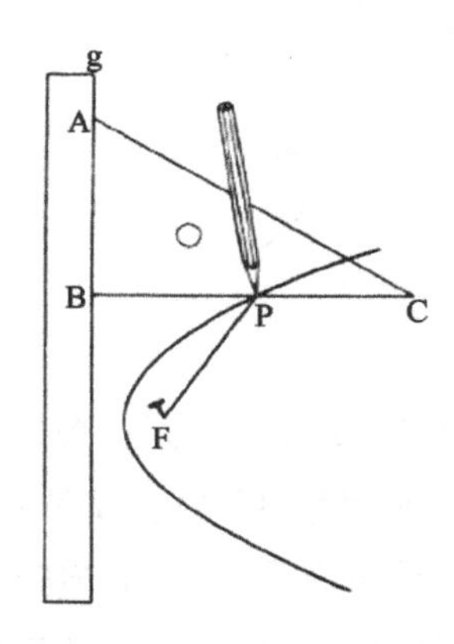


다음에 같은 직각을 끼는 변 BC의 길이와 같은 길이의 실을 취하고, 그 한 끝을 초점 F에, 다른 끝을 C에 고정한다.

이렇게 해 두고 연필 끝 P로 실을 삼각자의 변 BC에 눌러 붙이면서 삼각자를 직선자를 따라서 움직이면, 연필 끝 P는 F를 초점으로 하고, $g$를 준선으로 하는 하나의 포물선을 그린다.

왜냐하면 이 경우 항상

PF=PB

로 되어 있기 때문이다.

이때 연필 끝 P가 바로 움직이려 하는 방향이 이 포물선으로의 점 P에서의 접선 TT′의 방향을 준다. 또한

$\angle FPT = \angle CPT'$

로 된다.

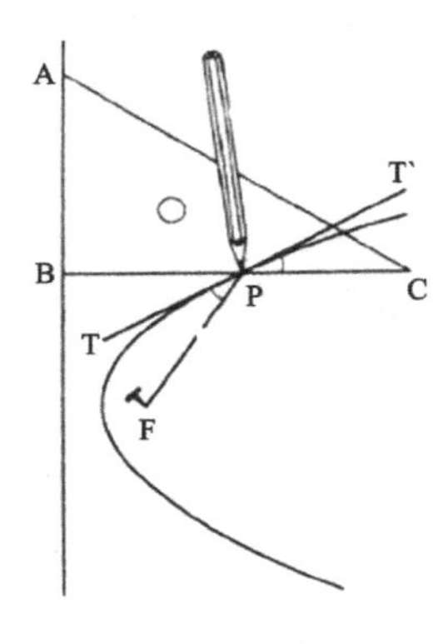


따라서 만약 포물선의 초점이 있는 쪽을 거울로 해 두고, 여기의 준선에 수직인 광선을 비추면 포물형의 거울에 부딪쳐서 반사한 빛은 모두 초점 F를 통과하게 된다.

열도 빛과 같은 법칙으로 반사하기 때문에 타원의 경우와 마찬가지로, 점 F는 타게 된다. 따라서 점 F는 초점이라 불린다.

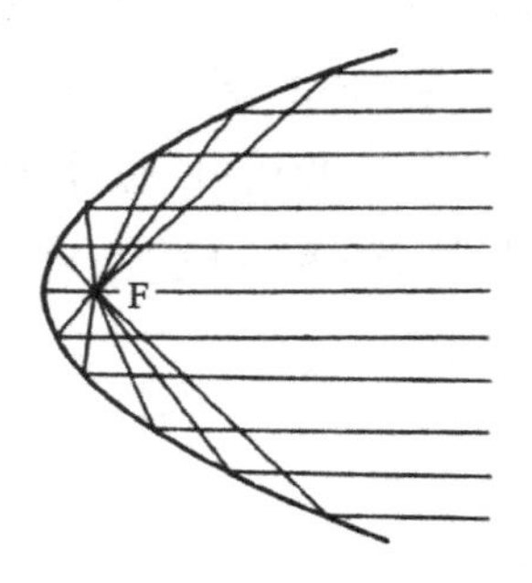


전파(電波)도 빛과 같은 법칙을 따라 반사하기 때문에 멀리서부터 오는 전파에 이 포물형 거울을 돌려서 대면, 그들 전파는 모두 점 F로 모이게 된다. 이것이 이른바 파라볼라 안테나의 원리이다.

포물선의 초점이 있는 쪽을 거울로 해 두고, 반대로 초점의 위치에다 광원을 두면, 초점으로부터 나온 빛은 모두 포물형 거울에 부딪쳐서 평행으로 반사되어 간다.

태양광선이라는 것은 매우 먼 곳에 있는 태양에서 교차하고 있는 것이므로, 실은 평행광선이라고 생각할 수 있다. 우리는 낮에 이 평행광선을 보고 있는 것이다.

따라서 위와 같이 포물형 거울을 이용해서 만든 평행광선을 보면, 낮의 햇빛 같은 인상을 받는다.

밤에 백화점이나 스포츠용품점의 쇼윈도 속에 수영복을 입은 마네킹이 서 있고, 이것에 비치는 광선이 마치 햇빛 같은 인상을 주게 되는데 이는 포물형 거울을 사용한 평행광선의 효과이다.

## 쌍곡선

아폴로니오스는 또 쌍곡선을 연구해 다음의 성질을 밝혔다. 즉

'쌍곡선에 대해서는 초점이라고 불리는 두 정점(定點) F와

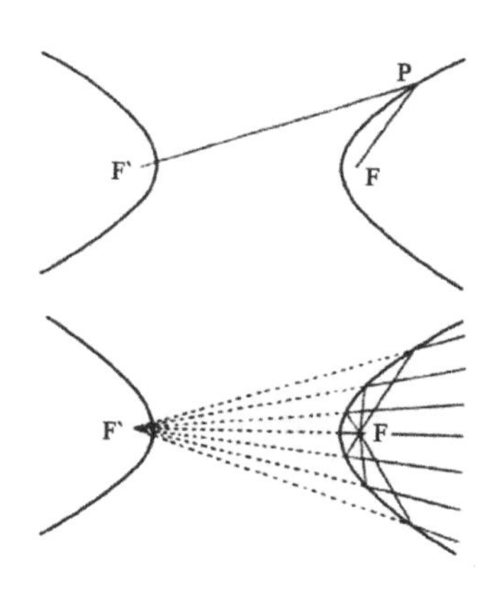

F′가 있어, 쌍곡선 위의 임의의 점 P로부터 이들 두 점에 이르는 거리의 차 PF~PF′는 일정하다.'

이 경우 쌍곡선의 초점이 있는 쪽을 거울로 해 두고 초점에 광원을 두면, 거기서부터 나오는 모든 광선은 모두 다른 초점에서부터 나온 광선인 것처럼 반사해 간다.

따라서 이 경우에는 다른 초점이 타는 것은 아니지만, 여태까지의 관습상 초점이라고 불리고 있다.

# 타르탈리아(Tartaglia Niccolo, 1499~1557)와 카르다노(Cardano Girolamo, 1501~1576)

지금까지 기하에 관한 이야기를 했는데 여기서는 대수(代數)의 이야기로 시야를 돌려보기로 하자.

## 1차방정식

아라비아의 수학자 알 콰리즈미(Al khwarijmi, 780?~850?)는 820년에

『Al gebr w′al muquabala』

라는 책을 출판했다. 이 책에서 그는 1차방정식의 해법을 설명하고 있다. 이를테면

$5x-3=2x+15$

를 풀기 위해서는 먼저 우변의 $2x$를 좌변으로 이항(移項)하여

$5x-2x-3=15$

로 하고, 다음에 좌변의 −3을 우변으로 이항해서

$5x-2x=15+3$

으로 한다. 이 작업을 가리켜 알 콰리즈미는 아라비아어로 알 제브르(Al gebr)라고 부르고 있다.

이항을 했으면, 이번에는 동류항(同類項)을 정리하여

$3x=18$

로 한다. 그리고 이 양변을 3으로 나누면

$x=6$

이라는 1차방정식의 해를 얻는다. 이 동류항의 정리를 가리켜 알 콰리즈미는 아라비아어로 알 무카발라(al muquabala)라고 부르고 있다.

결국 그의 책의 제목은

'이항(移項)과 동류항의 정리'

를 의미하는 것이었다.

이 책은 라틴어로 번역되어 널리 유럽에서 읽혔는데, 그때도 이 제목은 그대로 보존되었다. 그러나 「알 무카발라」라는 두 번째 말은 차츰 버려지고, 첫 번째 말 「알 제브르」만 남았다. 이것이 오늘날의

알제브라(Algebra : 대수)

의 어원이다.

## 2차방정식

여러분은 중학교에서

$$x^2 - 5x + 6 = 0$$

이라는 형태의 방정식, 즉 2차방정식의 해법을 배웠을 것이다.

2차방정식을 풀기 위해 이집트인과 바빌로니아인은 많은 노력을 했는데, 알렉산드리아 시대의 그리스의 수학자 헤론(Heron, B.C. 100년경)은 2차방정식을 상당히 일반적인 형태로 다루었다고 한다.

그러나 2차방정식을 가장 일반적인 형태, 즉

$$ax^2 + bx + c = 0 \quad (a \neq 0)$$

으로 다룬 것은 인도의 수학자 아리아바타(Aryabhata, 476~550)와 브라마굽타(Brahmagupta, 598?~665?) 그리고 바스카라(A. Bhaskara, 1114?~1185?)였다.

이들은 이미 플러스의 수와 마이너스의 수를 알고 있었고, 플러스의 수는 두 개의 제곱근을 갖고 있으며, 따라서 2차방정식은 두 개의 근을 갖는다는 것을 알고 있었다.

또 바스카라는 여러분이 중학교에서 배운 근의 공식

$$x = \frac{-b \pm \sqrt{b^2 - 4ac}}{2a}$$

를 유도했다.

## 대수 기호의 정비

13세기 중엽부터 15세기 중엽까지의 유럽은 전쟁과 전염병으로 인해 유럽의 문화는 오랫동안 공백기를 갖게 되었다.

그러나 15세기 중엽에 와서 독일에서 인쇄술이 발명되고, 그리스와 아랍의 고전이 잇달아 번역·출판됨에 따라 유럽의 문화는 다시 활기를 되찾게 되었다.

당시의 유럽 사람들이 요구했던 것은 실용적인 산수와 대수였으나 사람들은 아라비아와 인도에서 만들어진 이것들을 배우면서, 이들 기호(記號)를 정비하고 개량해 나갔다. 그 주된 내용을 보면 다음과 같다.

+, − 계산의 보스라는 별명을 가진 독일의 비트만(J. Widman)이 1489년에 과·부족(過不足)이라는 의미로 사용하기 시작한 것이 시초인데, 차츰 덧셈, 뺄셈의 기호로 쓰이게 되었다.

√‾ 근호(根號)를 의미하는 이 기호는 루돌프(P. Rudolf)의 책 『대수』(代數 : 1525)에 처음으로 나타나 있다.

= 레코드(R. Recorde, 1510~1558)의 『지혜의 숫돌』 속에 처음으로 나타나 있다. 처음에는 가로로 약간 길게 그어져 있었다. 레코드는 이것을 등호(等號)로 사용하는 이유를, 길이가 같은 평행선만큼 같은 것은 없기 때문이라고 말하고 있다.

>, < 이 부등호(不等號)는 처음으로 해리엇(T. Harriot, 1560~1621)의 책에 사용되었다.

× 곱셈기호는 오트레드(W. Oughtred, 1574~1660)의 책에 쓰여 있다.

그 밖에 스테빈(S. Stevinus, 1548~1620)은 소수의 기호를 정비했고, 비에트(F. Viete, 1540~1603)는 미지수를 알파벳의 모음으로 나타내고, 계수를 자음으로 나타내는 방법을 시작하고 있다.

그러나 이것은 후에 데카르트(R. Descartes, 1596~1650)에 의해서 미지수를 알파벳의 뒤쪽 글자 $x$, $y$, $z$로써 나타내고, 계수를 앞쪽 글자 a, b, c, …로써 나타내는 것으로 고쳐져 지금도 그대로 쓰이고 있다.

## 수학경기와 3차방정식

15세기부터 16세기에 걸쳐서는 수학경기라는 것이 자주 행해지게 되었다. 이것은 두 사람의 수학자가 서로 같은 수의 문제를 출제하여, 일정한 기간 내에 상대보다 많은 문제를 푼 사람이 이기는 경기였다.

이 때문에 당시의 수학자들은 자신이 한 발견을 다른 학파의 사람들에게는 알리지 않고 비밀로 하는 습관이 있었다.

수학경기에서 화제가 된 것이 3차방정식의 해법이었다.

$$ax+b=0 \quad (a \neq 0)$$

의 형태의 방정식은 1차방정식이라고 불리는데, 이것은 b를 이항하여 $a$로 나누어서

$$x=-\frac{b}{a}$$

로 풀 수가 있다.

또

$$ax^2+bx+c=0 \quad (a \neq 0)$$

의 형태의 방정식은 2차방정식이라고 불리는데, 이것은 인도인

들이 풀었던 것처럼, 또 우리가 중학교에서 배웠듯이 근의 공식을 사용하여

$$x = \frac{-b \pm \sqrt{b^2 - 4ac}}{2a}$$

로 풀 수가 있다.

그래서 당시의 사람들이 문제로 삼았던 것은 3차방정식

$$ax^3 + bx^2 + cx + d = 0 \quad (a \neq 0)$$

이 2차방정식의 근의 공식처럼 일반적인 방법을 갖겠는가? 였다.

## 타르탈리아

자주 행해진 수학경기 중에서 가장 유명한 것은 보로니아대학의 페르로(S. del Ferro, 1465~1526)의 제자 프로리도스와 타르탈리아의 경기일 것이다.

페르로는 $m$, $n$을 플러스의 수로 하여

$$x^3 + mx = n$$

인 형태의 3차방정식의 해법을 발견했다고 하지만, 그 해법을 제자에게 가르쳤다는 것 외에는 아무것도 알려져 있지 않다.

타르탈리아라는 이름은 속칭 「말더듬이」라는 뜻이다.

그의 본명은 니콜로 폰타나(Nicolo Fontana)라고 하며, 6세 때 프랑스 병사에게 심한 부상을 입은 뒤 자유로이 말을 할 수 없고 더듬거리게 되어 타르탈리아라고 불리게 되었다.

그는 어릴 때 아버지를 여의였고, 그 때문에 학교에도 갈 수 없었으나 당시의 사람들이 학교에서 배우고 있던 라틴어, 그리스어와 수학을 독학으로 공부했고, 수학에서는 특히 뛰어난 능

력을 보였다.

프로리도스와 타르탈리아의 수학경기는 1535년 2월 22일에 있었는데, 시합에 출제될 문제는 3차방정식일 것이 확실했으므로, 타르탈리아는 그 준비에 무척 고심하여 경기가 시작되기 열흘 전에 마침내

$$x^3 = mx + n$$

이라는 형태의 3차방정식의 해법을 발견했다고 한다.

이리하여 경기는 서로가 상대방에게 30문제씩을 제출하여 50일 동안 더 많은 문제를 푼 사람이 이기는 것으로 약속하고 시작되었는데, 타르탈리아는 상대가 낸 문제를 두 시간 만에 모두 풀어 버린 데 반해, 프로리도스는 타르탈리아가 낸 문제를 한 문제도 풀 수 없었다고 한다.

타르탈리아는 그 후 더욱 3차방정식의 해법연구를 열심히 계속하여 마침내 1541년에 3차방정식의 가장 일반적인 해법을 발견했다.

그러나 앞에서도 말했듯이 당시의 풍조 때문에 그는 발표를 유보하고 있었다. 그의 생각으로는 장래에 대수학(代數學)에 관한 책을 쓰게 되면, 거기서 가장 중요한 내용으로 이 3차방정식의 해법을 발표하려는 생각이었다.

## 카르다노

한편, 당시 밀라노에는 카르다노라는 수학자가 있었다.

그는 밀라노의 한 변호사의 사생아로 태어났는데 파비아대학의 의학부를 졸업해 의사가 되었다. 그러나 후에 다시 철학과 수학을 공부하여 파비아의 시장이 되었다.

그런데 그는 아주 별난 인물이어서 철학을 연구하는 한편 점성술(占星術)을 연구하고, 또 대수학을 연구하는 한편으로는 노름에도 열중하는 이 방면의 전문적인 노름꾼이라고 해도 될 만했다. 그는 실제로 대수학에 관한 책과 도박에 관한 책을 썼다. 이 도박에 관한 책에는 여러 가지 게임의 방법에서부터, 노름에서 상대에게 속임수를 당하지 않는 방법까지도 씌어 있다. 그는 광적인 천재라고 불리기에 걸맞은 인물이었다.

그런데 이 카르다노는 타르탈리아가 3차방정식의 일반적인 해법을 발견했다는 소문을 듣자, 그 내용을 알고 싶어 갖은 방법을 다 써서 그것을 가르쳐 달라고 타르탈리아를 졸라 마침내 절대로 비밀을 지킨다는 약속 아래 해법을 타르탈리아에게 알아냈다.

그런데 카르다노는 이 약속을 깨뜨리고 그가 1545년에 출판한 『위대한 술법(Ars Magna)』이라는 책에서 이 3차방정식의 일반적 해법을 마치 자신이 발견한 것처럼 발표해 버렸다. 약속을 무시당한 타르탈리아는 미칠 것만 같았다고 한다. 유감스럽게도 이 해법은 현재도 「카르다노의 해법」이라고 잘못 불리고 있다.

### 4차방정식

3차방정식

$$ax^3 + bx^2 + cx + d = 0 \quad (a \neq 0)$$

의 일반적인 해법이 발견되자 이제 수학자들의 관심은 4차방정식

$$ax^4 + bx^3 + cx^2 + dx + e = 0 \quad (a \neq 0)$$

의 해법으로 기울어졌다.

해법은 카르다노의 제자 페라리(L. Ferrari, 1522~1565)에 의해서 발견되었다. 그 방법은 4차방정식의 해법을 3차방정식의 해법으로 귀착시키는 것이었다.

페라리는 가난한 집안의 출신으로 15세 때 카르다노의 제자가 되었다. 카르다노는 페라리의 재능을 인정하여 서기로 채용했다. 그는 스승 카르다노의 강의에 열심히 출석해 카르다노의 수제자가 되어 볼로냐(Bologna)대학의 교수로까지 출세했다.

## 5차 이상의 방정식

4차방정식의 해법도 발견되자, 수학자들의 관심은 5차방정식

$$ax^5 + bx^4 + cx^3 + dx^2 + ex + f = 0 \quad (a \neq 0)$$

의 해법으로 모이게 되었다. 즉 이 5차방정식의 해법을 4차방정식, 3차방정식 그리고 2차방정식의 해법으로 귀착시킬 방법은 없을까 생각하게 된 것은 참으로 자연스러운 추세라고 할 수 있었다.

당시의 많은 수학자들이 이것을 시도했던 것으로 생각되지만, 이것에 성공한 사람은 한 사람도 없었다.

지금까지 말한 것과 같은 1차, 2차, 3차, 4차, 5차, …… 방정식은 「대수방정식」이라고 불린다.

또 이를테면 2차방정식

$$ax^2 + bx + c = 0 \quad (a \neq 0)$$

을

$$x = \frac{-b \pm \sqrt{b^2 - 4ac}}{2a}$$

로 풀듯이, 주어진 대수방정식의 계수(係數)에 대해서 가감승제와 $\sqrt{\ }$의 연산에 의해서 방정식을 푸는 것을 '대수적으로 푼다.'라고 말한다.

그런데 위에서 말한 문제에 대해서는 젊은 나이로 세상을 떠난 노르웨이의 천재 수학자 아벨(N. H. Abel, 1802~1829)이

'5차 이상의 대수방정식은 일반적인 대수적 해법으로는 풀 수 없다.'

라는 정리를 증명했다. 이것은 5차 이상의 대수방정식에 대해서는, 그 근을 계수의 가감승제와 $\sqrt{\ }$의 연산으로 나타내는 공식은 존재하지 않는다는 것을 가리키고 있다(→아벨).

## 어느 수의 합에 거는 것이 가장 득일까?

카르다노는 뛰어난 수학자인 동시에 직업적인 도박사로서 미치광이 천재라는 이름에 걸맞은 인물이었다. 그는 역사상 최초로 노름에서 이롭고, 불리한 문제를 풀고 있다. 그 문제라는 것은 다음의 문제이다.

'지금, 두 개의 주사위를 동시에 던져서 나온 수의 합에다 내기를 건다고 하면 합이 얼마일 때 가장 유리한가?'

먼저, 두 개의 주사위를 동시에 던졌을 때의 경우의 수를 생각해 본다. 그리고 표본공간을 다음과 같은 표로 나타낸다.

제1의 주사위　1 1 1 1 1 1
제2의 주사위　1 2 3 4 5 6

제1의 주사위 2 2 2 2 2 2
제2의 주사위 1 2 3 4 5 6

제1의 주사위 3 3 3 3 3 3
제2의 주사위 1 2 3 4 5 6

제1의 주사위 4 4 4 4 4 4
제2의 주사위 1 2 3 4 5 6

제1의 주사위 5 5 5 5 5 5
제2의 주사위 1 2 3 4 5 6

제1의 주사위 6 6 6 6 6 6
제2의 주사위 1 2 3 4 5 6

이 표를 보면 두 개의 주사위를 동시에 던졌을 때

$$6 \times 6 = 36$$

가지의 결과를 얻는 것을 안다.

이들 중에서 수의 합이 2가 되는 경우는

제1의 주사위 1
제2의 주사위 1

의 단 한 가지이고, 수의 합이 3이 되는 경우는

제1의 주사위 1 2
제2의 주사위 2 1

의 두 가지, 수의 합이 4가 되는 경우는

제1의 주사위 1 2 3
제2의 주사위 3 2 1

의 세 가지, 수의 합이 5가 되는 것은

| 제1의 주사위 | 1 | 2 | 3 | 4 |
|---|---|---|---|---|
| 제2의 주사위 | 4 | 3 | 2 | 1 |

의 네 가지, 수의 합이 6이 되는 것은

| 제1의 주사위 | 1 | 2 | 3 | 4 | 5 |
|---|---|---|---|---|---|
| 제2의 주사위 | 5 | 4 | 3 | 2 | 1 |

의 다섯 가지이고, 수의 합이 7이 되는 것은

| 제1의 주사위 | 1 | 2 | 3 | 4 | 5 | 6 |
|---|---|---|---|---|---|---|
| 제2의 주사위 | 6 | 5 | 4 | 3 | 2 | 1 |

의 여섯 가지, 수의 합이 8이 되는 것은

| 제1의 주사위 | 2 | 3 | 4 | 5 | 6 |
|---|---|---|---|---|---|
| 제2의 주사위 | 6 | 5 | 4 | 3 | 2 |

의 다섯 가지, 수의 합이 9가 되는 것은

| 제1의 주사위 | 3 | 4 | 5 | 6 |
|---|---|---|---|---|
| 제2의 주사위 | 6 | 5 | 4 | 3 |

의 네 가지, 수의 합이 10이 되는 것은

| 제1의 주사위 | 4 | 5 | 6 |
|---|---|---|---|
| 제2의 주사위 | 6 | 5 | 4 |

의 세 가지, 수의 합이 11이 되는 것은

| 제1의 주사위 | 5 | 6 |
|---|---|---|
| 제2의 주사위 | 6 | 5 |

의 두 가지, 수의 합이 12가 되는 것은

제1의 주사위 6
제2의 주사위 6

의 한 가지이므로 결국

'두 개의 주사위를 동시에 던져서 그 수의 합에다 내기를 건다고 하면, 수의 합 7에다 거는 것이 가장 유리하다.'

는 것이 카르다노가 내놓은 답이었다. 카르다노는 요즘의 확률의 문제를 누구보다도 먼저 생각했던 인물인 것 같다.

## 갈릴레이(Galilei Galileo, 1564~1642)

갈릴레이는 피렌체의 내력 있는, 그러나 부유하지 못했던 집안에서 태어나 수도원에서 교육을 받았다. 아버지의 뜻을 좇아 피사대학에서 의학을 공부하게 되었는데, 어느 날 교회의 천장에 매달린 램프가 진동하는 것을 보고 진동의 주기와 등시성에 생각이 미치게 된 것이 바로 이 시기였다고 한다.

의학을 공부하던 갈릴레이는 어느 날, 기하학 강의를 듣고서 마침내 의학을 버리고 수학으로 전공을 바꾸어서 1589년에는 피사대학의 수학 교수가 되었고, 이어서 1592년에는 파도바대학으로 옮겨 갔다.

### 파라볼라는 포물선이었다

갈릴레이는 다음과 같은 매우 중요한 발견을 했다.

그것은 지구 위에서 물체를 비스듬히 위쪽으로 던져 올리면, 그 물체는 그림과 같은 곡선을 그리는데, 이 물체를 바로 위에서 보면 등속도 운동을 하고 있는 것처럼 보이고, 이 물체를 바로 옆에서 보면 마치 바로 위로 던져진 것처럼 보인다고 하는 것이다.

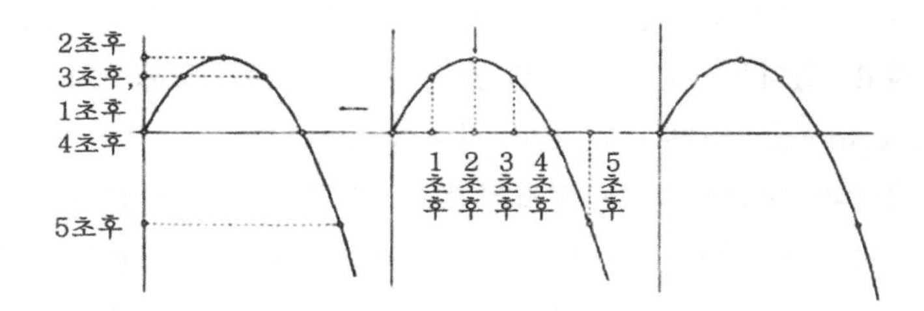


따라서 공중으로 던져진 물체의 운동은 가로 방향으로의 등속운동과 세로 방향으로 똑바로 위로 던져 올린 연직상방의 물체와 같은 운동을 조합한 셈이다.

이 원리를 깨달은 갈릴레이는 이를 바탕으로 공중으로 비스듬히 던져 올린 물체가 공중에 그리는 곡선을 연구한 후 이것이 실은 그리스 시대의 메나이크모스와 아폴로니오스가 연구하고 있던 파라볼라임을 발견했다. 즉 파라볼라는 던진 물체가 그리는 곡선, 즉 포물선이라는 것을 알았던 것이다.

수학의 역사 가운데는, 일찍이 수학자들이 수학적인 흥미로만 연구해 두었던 일이 나중에 와서 매우 큰 응용을 발견하게 되었다는 예가 많다. 메나이크모스와 아폴로니오스가 연구해 두었던 파라볼라가 그로부터 2000년 가까이나 지나서 포물선으로서 등장한 것은 그 가장 좋은 예의 하나라고 할 수 있을 것이다.

### 그래도 지구는 움직이고 있다

갈릴레이는 1609년에 망원경을 발명하고 이것을 사용하여 열심히 별을 관측했다. 그렇게 수성과 금성은 달과 마찬가지로 차거나 기운다는 것, 또 목성이 지구와 마찬가지로 위성을 거느리고 있다는 것 등을 알았다. 이는 모두 코페르니쿠스(N. Copernicus, 1473~1542)의 지동설(태양중심설)을 뒷받침 하는 것이었다. 따라서 물론 갈릴레이도 이 지동설을 제창했다. 그러나 지동설은 당시 이단(異端)의 설이라고 해서 금지되어 있었다.

갈릴레이는 이단 심문소로부터 죽음으로써 그 주장을 철회하라는 강요를 받고 부득이

'나는 지구가 움직이고 있다고 하는 나의 그릇된 주장을 버리겠습니다. 나는 지구가 움직이고 있다고 하는 주장을 가르치거나 글로 쓰지 않겠습니다.'

라는 서약을 하고 말았다.

그러나 서약한 뒤 종교재판소를 나오면서

'그래도 지구는 움직이고 있다.'

라고 혼자 중얼댔다는 것은 너무나 유명한 이야기이다.

### 갈릴레이와 내기 문제

갈릴레이는 물리학의 실험적 연구방법을 개척한 근대물리학의 시조라고 불리는 사람이지만, 수학에서도 많은 공헌을 하고 있다. 그 업적에 대해 알아보기로 한다.

갈릴레이는 어느 날, 그와 친한 직업적인 도박사로부터 다음과 같은 질문을 받았다.

'지금 세 개의 주사위를 동시에 던져서, 그 수의 합에 내기를 걸기로 한다. 이때 수의 합이 9가 되는 경우는

1 1 1 2 2 3
2 3 4 2 3 3
6 5 4 5 4 3

의 여섯 가지가 있다.

또 수의 합이 10이 되는 경우도

1 1 2 2 2 3
3 4 2 3 4 3
6 5 6 5 4 4

의 여섯 가지가 있다.

따라서 수의 합이 9가 되는 것과 수의 합이 10이 되는 것과는 거의 같은 횟수만큼 일어나는 것으로 생각되는데, 나의 오랜 경험에 의하면 수의 합이 9가 되는 것보다 수의 합이 10이 되는 편이 근소하게나마 더 많이 일어난다. 이것은 어떤 이유일까?'

이 질문에 대해서 갈릴레이는 다음과 같이 훌륭한 해답을 주었다.

먼저, 세 개의 주사위를 동시에 던지는 것이니까 일어날 수 있는 모든 경우의 수가

$6\times6\times6=216$

가지인 것은 명백하다.

이 중에서 수의 합이 9가 되는 조합이

1 1 1 2 2 3

2 3 4 2 3 3
6 5 4 5 4 3

만큼 있는 것도 확실하다.

그러나 이 중의 하나, 이를테면

1
2
6

을 취해 보면, 이 조합은 제1의 주사위가 1을, 제2의 주사위가 2를, 제3의 주사위가 6의 수를 낼 경우뿐만 아니라, 제1의 주사위가 1을, 제2의 주사위가 6을, 제3의 주사위가 2를 내는 경우에도 일어날 수 있다는 것을 안다.

이렇게 생각하면

1
2
6

이라는 조합은

| | | | | | | |
|---|---|---|---|---|---|---|
| 제1의 주사위 | 1 | 1 | 2 | 2 | 6 | 6 |
| 제2의 주사위 | 2 | 6 | 1 | 6 | 1 | 2 |
| 제3의 주사위 | 6 | 2 | 6 | 1 | 2 | 1 |

이라는 여섯 가지 방법으로 일어나는 것을 알 수 있다. 마찬가지로 생각해 보면

1
3
5

라는 조합은

| | |
|---|---|
| 제1의 주사위 | 1 1 3 3 5 5 |
| 제2의 주사위 | 3 5 1 5 1 3 |
| 제3의 주사위 | 5 3 5 1 3 1 |

이라는 여섯 가지 방법으로 일어난다는 것을 알 수 있다.

다음의

1
4
4

라는 조합은

| | |
|---|---|
| 제1의 주사위 | 1 4 4 |
| 제2의 주사위 | 4 1 4 |
| 제3의 주사위 | 4 4 1 |

이라는 세 가지 방법으로 일어난다.

다음의

2
2
5

라는 조합도

| | |
|---|---|
| 제1의 주사위 | 2 2 5 |
| 제2의 주사위 | 2 5 2 |
| 제3의 주사위 | 5 2 2 |

라는 세 가지 방법으로 일어난다.

다음의

2
3
4

라는 조합은

| | |
|---|---|
| 제1의 주사위 | 2 2 3 3 4 4 |
| 제2의 주사위 | 3 4 2 4 2 3 |
| 제3의 주사위 | 4 3 4 2 3 2 |

라는 여섯 가지 방법으로 일어난다.

그리고 마지막의

3
3
3

이라는 조합은

| | |
|---|---|
| 제1의 주사위 | 3 |
| 제2의 주사위 | 3 |
| 제3의 주사위 | 3 |

이라는 단 한 가지 방법으로만 일어난다.

이상에 의해서 세 개의 주사위를 동시에 던질 때, 수의 합이 9가 되는 경우는 가능한 모든 216회 중에서

6+6+3+3+6+1=25

회가 있다는 것을 알았다.

마찬가지로 수의 합이 10이 되는 조합이

1 1 2 2 2 3

3 4 2 3 4 3
6 5 6 5 4 4

만큼 있는 것은 확실하지만, 그중의

1
3
6

은

제1의 주사위 1 1 3 3 6 6
제2의 주사위 3 6 1 6 1 3
제3의 주사위 6 3 6 1 3 1

이라는 여섯 가지 방법으로서 일어난다. 다음의

1
4
5

는

제1의 주사위 1 1 4 4 5 5
제2의 주사위 4 5 1 5 1 4
제3의 주사위 5 4 5 1 4 1

이라는 여섯 가지 방법으로 일어나며, 다음의

2
2
6

은

제1의 주사위　2 2 6
제2의 주사위　2 6 2
제3의 주사위　6 2 2

라는 세 가지 방법으로 일어나고, 다음의

2
3
5

는

제1의 주사위　2 2 3 3 5 5
제2의 주사위　3 5 2 5 2 3
제3의 주사위　5 3 5 2 3 2

라는 여섯 가지 방법으로 일어나고, 다음의

2
4
4

는

제1의 주사위　2 4 4
제2의 주사위　4 2 4
제3의 주사위　4 4 2

라는 세 가지 방법으로 일어나고, 마지막의

3
3
4

도

제1의 주사위 3 3 4
제2의 주사위 3 4 3
제3의 주사위 4 3 3

이라는 세 가지 방법으로 일어난다는 것을 알 수 있다.

이상에 의해서 세 개의 주사위를 동시에 던질 때, 수의 합이 10이 되는 경우는 가능한 모든 216회 중에서

6 + 6 + 3 + 6 + 3 + 3 = 27

회라는 것을 알았다.

위와 같이 세 개의 주사위를 동시에 던지면, 가능한 모든 경우의 수는 모두 216이지만, 그중에 수의 합이 9가 되는 경우는 25번이고, 수의 합이 10이 되는 경우는 27번이므로 수의 합이 9가 되는 경우보다, 10이 되는 경우가 아주 근소하게나마 더 많이 일어난다고 하는 것이 이 질문에 대한 갈릴레이의 답이었다.

# 케플러(Kepler Johannes, 1571~1630)

메나이크모스와 아폴로니오스가 수학적인 흥미로 인해 연구해 두었던 원뿔곡선, 타원, 포물선, 쌍곡선 중 포물선(parabola)은 갈릴레이의 연구에도 나타나 있는대, 그것은 공중으로 비스듬히 던져 올려진 물체가 그리는 곡선이 포물선이라는 것을 알게 되었다.

한편 원뿔곡선 중에서 타원(ellipse)은 케플러의 연구에서도 나타난다.

케플러는 독일의 개신교 집안에서 태어났는데, 집안이 가난하고 몸도 튼튼하지 못했다. 게다가 숱한 종교적 박해도 받았지만 신앙으로 잘 견뎌내서 후에는 훌륭한 천문학자, 수학자가 되었다.

그는 튜빙겐대학에 입학했다가 중퇴했고, 1594년부터는 중학교에서 수학과 윤리학을 가르쳤다.

케플러는 1596년에 이상한 학설을 발표했다. 피타고라스의 시대부터 알려져 있던 다섯 개의 정다면체, 즉 정이십면체, 정십이면체, 정팔면체, 정사면체, 정육면체를 그것들의 중심을 겹쳐놓은 도형을 이용하면 당시에 알려져 있던 행성, 즉 수성, 금성, 화성, 목성, 토성의 운동을 잘 설명할 수 있다고 하는 것이었다.

물론 이 주장은 공상에 의한 것으로서 아무런 과학적 근거가 없었지만, 케플러는 이 주장으로 아주 유명해졌다. 그리고 당시의 대학자인 티코 브라헤(T. Brahe, 1546~1601)와 갈릴레이와도 알게 되었다.

케플러는 1599년에 티코 브라헤의 조수가 되었는데 조수가 된지 2년 후에 티코 브라헤가 죽어버렸기 때문에, 케플러는 티코 브라헤가 남겨 놓은 관측기록을 정리하게 되었고 왕실의 천문학자로 임명되었다.

티코 브라헤의 관측기록을 바탕으로 마침내 1619년에 유명한 「케플러의 세 법칙」을 발견했던 것이다.

### 케플러의 세 법칙

케플러의 세 법칙 중 첫째는

'행성은 태양을 포함하는 평면 내에서, 태양을 초점으로 하는 타원을 그리면서 운행한다.'

는 것이다.

메나이크모스와 아폴로니오스는 그저 단순한 수학적인 흥미로 원뿔곡선을 연구했는데 그중의 하나, 타원이 그로부터 2000년 후에 이렇게 천문학 속에 등장하게 된 것이다.

케플러의 두 번째 법칙은

'태양과 행성을 맺는 선분이 단위시간 내에 그리는 면적은 일정하다.'

라는 것이다. 태양을 S라고 하고 행성이 어느 단위시간 내에 A에서 B까지 진행하고, 다른 단위시간 내에 C로부터 D까지 진행했다고 하면, 빗금을 그은 면적 SAB와 SCD는 항상 같다는 것이다. 따라서 행성은 태양에 가까울수록 빠르게 운행하고, 태양으로부터 멀리 있을 때는 보다 느리게 운행하는 것이 된다.

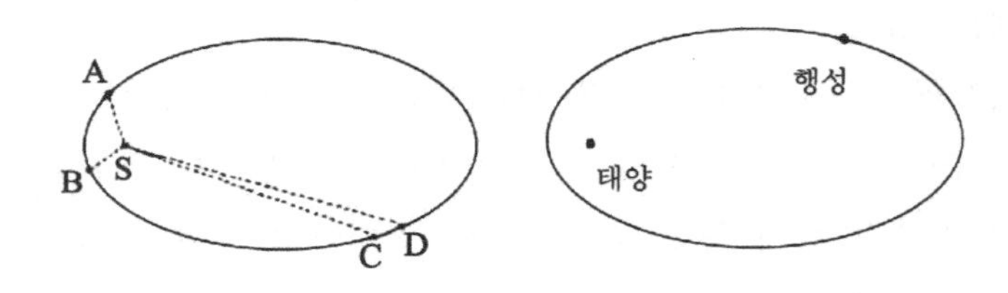


케플러의 세 번째 법칙은

'하나의 행성이 태양 주위를 일주하는 데 소요하는 시간의 제곱은 태양으로부터 행성까지의 평균거리의 세제곱에 비례한다.'

는 것이다.

이상은 케플러가 관측으로부터 얻은 결과인데, 후에 뉴턴은 그의 만유인력의 법칙을 사용하여 이 법칙을 미분방정식으로 증명했던 것이다.

## 데카르트(Descartes Rene, 1596~1650)

데카르트는 프랑스의 라 에이 지방의 귀족 집안에서 태어났다.

데카르트의 아버지는 데카르트의 몸이 약한 것을 걱정하여 일부러 취학을 늦추기까지 했으나 데카르트는 자기 스스로 착착 학습을 진행하고 있었기 때문에, 아버지도 이 이상 취학을 늦출 수 없다고 판단하여, 데카르트가 8세가 되던 해에 라크레슈에 있는 가톨릭 교파의 학교에 입학시켰다.

### 잠꾸러기

이 학교 교장은 붙임성이 좋은 데카르트를 무척 귀여워하며 몸이 약한 것을 걱정해 아침에도 누워있고 싶을 만큼 마음대로 침대에 누워 있어도 좋다는 허가를 주었다.

후에 데카르트는 이 같은 아침의 길고 조용한 베드에서의 명상이 그의 철학과 수학의 기본이 되었다고 말하고 있다.

## 수학을 선택

데카르트의 공부는 순조로이 진척되었고, 당시의 최고 언어인 라틴어와 그리스어에도 능통했으며 철학, 윤리학 등 모든 것에 해박한 지식을 갖게 되었다.

그러나 데카르트는 성장하면서 이 모든 것에 대해 차츰 의문을 품게 되었다. 그것은 그가 수학을 진지하게 공부하게 되면서부터 수학의 명확한 논리의 전개 방법과 비교할 때, 여태까지 해온 철학이나 도덕의 논리 전개 방법이 아주 시시한 것으로만 보였기 때문이다.

그때까지의 철학과 윤리학을 올바르게 생각하기 위해서는 우선 수학을 연구하고, 거기서 얻은 연구방법을 다른 것에 적용하는 것이 최선의 길이라고 생각하게 되었다.

데카르트는 후에 파리로 유학을 갔지만 도무지 귀족생활이 마음에 들지 않아 군대에 지원해 모리스 공작의 군대에 입대했다. 당시의 군생활은 시간 여유가 많았기 때문에 그는 여가를 모두 다 수학 연구에 쏟았다.

## 야영의 꿈

데카르트의 군대는 1619년 겨울에 도나우강을 끼고 있는 울름 지방 근처에 진을 치고 있었다.

세계 최초로 해석기하학을 창시한 데카르트가 해석기하학에 대한 아이디어를 얻은 것은 1619년 11월 10일, 이 야영에서 꾼 꿈속에서였다고 한다.

또한 울름이란 고장은 그로부터 260년 후인 1879년 3월 14일, 상대성이론으로 유명한 독일의 이론 물리학자 아인슈타인

(A. Einstein)이 태어난 곳이기도 하다.

## 해석기하학

흔히들 다음과 같은 말을 한다.

평면 위에 점 O에서 직교하는 두 직선을 그어두고, 평면 위의 임의의 점 P에 대해서, P로부터 제1의 직선 OX로 드리운 수직선 끝을 A, P로부터 제2의 직선 OY로 드리운 수직선 끝을 B라고 하면, 부호를 가진 OA라는 길이와 부호를 가진 OB라는 길이 $y$가 결정된다. 즉 평면 위의 임의의 점 P에 대하여 두 개의 부호를 가진 수 $x$와 $y$의 짝이 결정된다.

반대로 한 쌍의 수요와 $y$가 주어지면, 앞의 방법을 역으로 더듬어 가서 평면 위의 점 P의 위치가 결정된다.

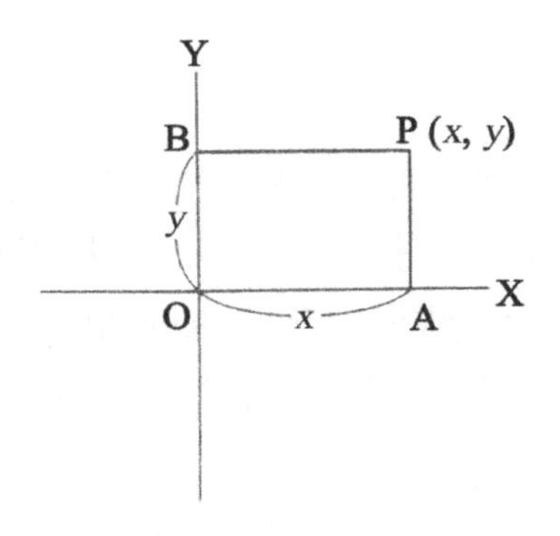


따라서 평면 위의 점 P의 위치와 부호를 가진 한 쌍의 수 $x$, $y$ 사이에 1 : 1의 대응을 만들 수가 있다. 이런 의미에서 한 쌍의 수 $x$, $y$를 가리켜 점 P의 좌표라고 한다.

또 평면 위에 한 개의 도형, 이를테면 원점을 꼭짓점으로 하고 점(1, 0)을 초점으로 하는 포물선이 주어졌을 때, 이 포물선

위의 임의의 점 P의 좌표 $x$, $y$는 방정식

$$y^2 = 4x$$

를 만족하고, 반대로 이 방정식을 만족하는 $x$, $y$를 좌표로 하는 점은 반드시 이 포물선 위에 있다.

이때 위의 방정식을 포물선의 방정식이라 하고, 포물선을 이 방정식이 나타내는 도형이라고 한다.

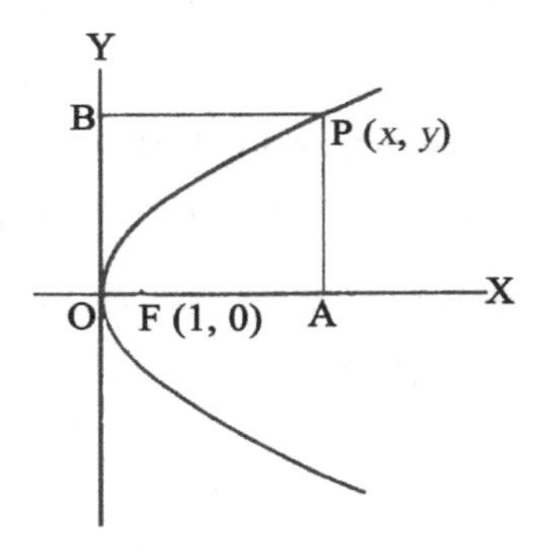


이와 같이 평면 위의 점을 좌표라고 불리는 한 쌍의 수로서 나타내고, 평면 위의 도형을 방정식으로 나타내어, 도형의 성질에 대한 연구를 방정식의 성질에 대한 연구로 치환하는 것이 해석기하학의 방법이며, 이것은 흔히 데카르트가 고안한 것이라고 말한다.

이 표현은 대체로 맞는 말이지만 약간 잘못된 점이 있다. 그것은 다음과 같다.

점을 그 좌표로써 나타내고 도형을 그 방정식으로써 나타낸다고 하는 것은 실은 그리스인들도 갖고 있던 생각이다. 그러므로 이것을 전적으로 데카르트의 창안이라고는 말할 수 없다.

데카르트가 그리스인들이 갖고 있던 이 사고방식에 입각하여, 오늘날 해석기하학이라고 불리고 있는 학문을 창시했다고 말하는 데는 두 가지 이유가 있다.

우선 첫째로 그리스인들은 마이너스의 수의 관념을 갖고 있지 않았다. 마이너스의 수라는 생각을 처음으로 가졌던 것은 인도인이었을 것이라고 말하고 있다.

이 마이너스의 수에 대한 사고는 다른 수학과 더불어 인도에서 유럽으로 수입되었는데, 사람들이 이 마이너스의 수를 이해하기까지에는 상당한 시간이 걸렸던 것으로 생각된다.

그런데 데카르트는 직선 위에 눈금을 긋고서 가로로 그어진 선 위에서는 플러스의 수를 0보다 오른쪽에 있는 점으로, 마이너스의 수를 0보다 왼쪽에 있는 점으로 표시했다. 또 세로로 그어진 선 위에서는 플러스의 수를 0보다 위쪽에 있는 점으로, 마이너스의 수를 0보다 아래쪽에 있는 점으로 표시했다.

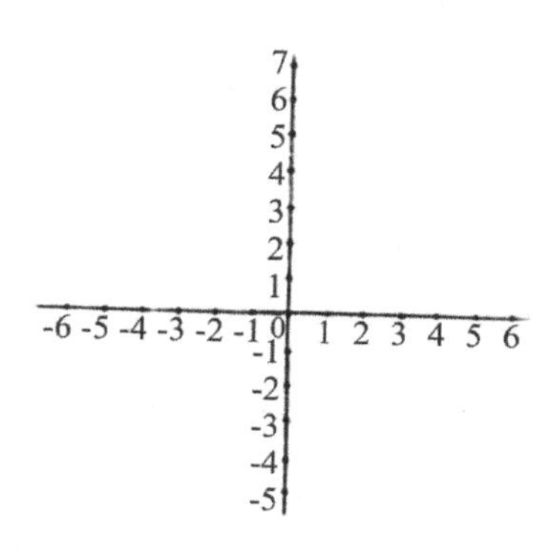


이리하여 마이너스의 수가 눈에 보이는 점으로써 표시된 이후, 마이너스의 수는 보통 사용하는 플러스의 수와 마찬가지로 사용되었다.

또 그리스인들은

$a$

라고 쓰면, 그것은 선분의 길이를 나타내고

$a^2$

라고 쓰면, 그것은 $a$라는 길이의 선분을 한 변으로 하는 정사각형의 면적을 나타내고,

$ab$

라고 쓰면, 그것은 $a$라는 길이의 선분을 세로, $b$라는 길이의 선분을 가로로 하는 직사각형의 면적을 나타내는 것이라고 생각하고 있었다.

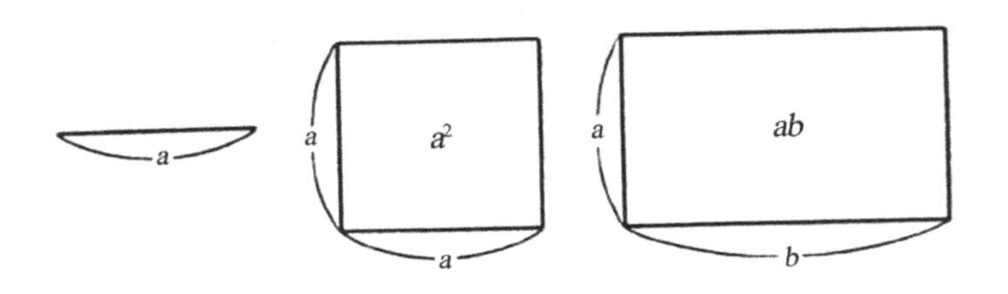


따라서 그리스인들에게

$x^2 + y^2 = a^2$

라는 방정식은 $x$를 한 변으로 하는 정사각형의 면적과 $y$를 한 변으로 하는 정사각형의 면적을 더한 것은 $a$를 한 변으로 하는 정사각형의 면적과 같다고 하는 기하학적 의미를 지니고 있었다. 그런데

$y^2 = 4x$

라는 방정식은 $y$를 한 변으로 하는 정사각형의 면적이 $x$라는

길이의 4배와 같다고 해석되므로 이것은 의미를 가질 수가 없었다.

이 곤란을 제거하여 $x$, $y$는 선분의 길이가 아니라 수를 나타내는 미지수이므로 $y^2$이 $4x$와 같다는 식은 수와 수가 같다는 것을 나타내고 있다고 새로운 해석을 내렸다. 이처럼 좌표와 방정식의 사고에 커다란 자유를 부여하여 해석기하학을 오늘날의 형태로 발전시킨 것이 데카르트였다.

## 페르마(Fermat Pierre de, 1601~1665)

페르마는 프랑스의 툴루즈 근처에서 피혁상인의 아들로 태어나 가정교육을 받고 자랐다. 그는 1631년, 30세 때에 툴루즈의 지방의회의원으로 선출된 이래, 신중하고 성실한 의원으로서 지방을 위해 많은 일을 했다.

그러면서도 그는 틈틈이 수학 연구에 몰두했다. 그의 연구가 계통적인 기록으로 남겨진 것은 없다. 우리는 그의 업적을 그가 죽은 후에 출판된 그의 편지와 수기(手記)를 통해서 알 수 있을 뿐인데, 이 편지와 수기 가운데는 후세에 남을 많은 업적이 포함되어 있었다.

### 여백에 기록된 정리

이미 말했듯이 이집트와 바빌로니아인들은 직각을 그리는 데에 3, 4, 5라는 길이의 세 변을 갖는 삼각형을 만들면, 5라는 길이의 변에 대한 각이 직각이 되고 5, 12, 13이라는 길이의 세 변을 갖는 삼각형을 만들면 13이라는 길이에 대한 각이 직각이 된다는 것을 이용하고 있었다.

그런데 이 3, 4, 5는

$$3^2+4^2=5^2$$

을 만족하고 5, 12, 13도

$$5^2+12^2=13^2$$

을 만족하고 있다.

피타고라스는 이것으로부터 유명한 「피타고라스의 정리」를 발견했다고 전해지는데 페르마는 이 피타고라스의 정리, 즉

$$a^2+b^2=c^2$$

을 만족하는 정수의 짝 $a$, $b$, $c$가 무한히 많이 존재한다는 것을 증명했다.

이를테면

$$7^2+24^2=25^2$$

$$9^2+40^2=41^2$$

$$11^2+60^2=61^2$$

$$\vdots$$

이 같은 수의 짝이 「피타고라스의 수」라고 불린다는 것은 이미 앞에서 말했다. 그렇다면

$$a^3+b^3=c^3$$

을 만족할 만한 정수의 짝 $a$, $b$, $c$가 존재할까?

$$a^4+b^4=c^4$$

을 만족할 만한 정수의 짝 $a$, $b$, $c$가 존재할까?

또 일반적으로 $n$을 2보다 큰 정수로 할 때,

$$a^n + b^n = c^n$$

을 만족할 만한 정수의 짝 $a$, $b$, $c$가 존재할까?

하는 문제가 생기는 것은 참으로 자연스러운 과정이다.

그런데 페르마는 그가 읽고 있던 알렉산드리아 시대의 수학자 디오판토스(Diophantos, 246?~330?)의 『정수론』이라는 책의 여백에

'나는 $n$이 2보다 큰 플러스의 정수라면

$$a^n + b^n = c^n$$

을 만족할 만한 플러스의 정수의 짝 $a,b,c$는 존재하지 않는다는 것을 증명할 수 있는데, 이 여백은 그 증명을 적어 넣기에는 너무 좁다.'

라고 써 놓았다.

이 문제는 매우 많은 수학자들의 흥미를 끌었고, 수학자들은 페르마가 그 여백에 적어 넣지 못했다고 하는 증명을 재현하려고 했으나, 이 증명은 현재에 이르기까지 아직 발견되지 않았다.

## 페르마와 해석기하학

페르마는 그리스의 문헌, 특히 아폴로니오스의 『원뿔곡선론(圓錐曲線論)』을 상세히 조사하여 거기서부터 점의 좌표, 도형의 방정식이라는 사고를 추출하여, 데카르트와는 독립적으로 오늘날의 해석기하학의 기초를 쌓았다.

오늘날의 해석기하학의 교과서에서 직선과 원 이외에는 거의

모두 원뿔곡선의 논의가 주류를 이루는 것은 페르마의 영향 때문이라고 필자는 생각한다.

### 페르마와 미분학

페르미는 또 미분학(微分學)의 발견에도 크게 공헌했다.

페르마의 생각을 예를 들어서 설명해 보기로 한다.

지금, 함수

$$f(x)=x^3-6x^2+9x+5$$

의 극대, 극소를 구하라는 문제를 생각해 보자. 여기서 극대, 극소라는 것은

$$y=x^3-6x^2+9x+5$$

라는 함수의 그래프를 그렸을 때, 마루 또는 골짜기가 되는 장소라는 의미이다.

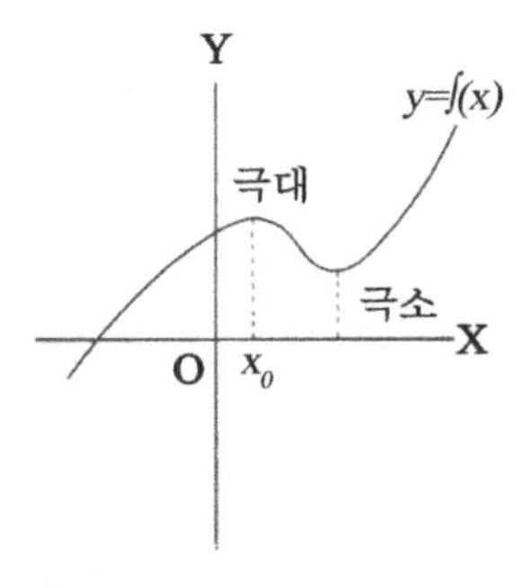


만약 이 함수가 $x=x_0$에서 극대 또는 극소가 된다면, $x_0$에서의 함숫값과 $x_0$와 매우 가까운 $x_0+e$에서의 함숫값은 같아질 것이라고 페르마는 생각했다. 즉

$$(x_0+e)^3-6(x_0+e)^2+9(x_0+e)+5=x_0^3-6x_0^2+9x_0+5$$

라고 생각했다.

이것을 계산하면

$$3(x_0^2-4x_0+3)+3(x_0-2)e+e^2=0$$

여기서 $e$는 매우 작은 양이라는 것을 고려하여 $e$와 $e^2$을 제거해 버리면

$$x_0^2-4x_0+3=0$$

$$(x_0-1)(x_0-3)=0$$

$$x_0=1,\ 3$$

따라서 생각하고 있는 함수는 $x$가 1일 때와 3일 때 극대 또는 극소가 된다는 것이 페르마의 논법이었다.

이것은

$$y=x^3-6x^2+9x+5$$

를 $x$로 미분하여

$$\begin{aligned}y'&=3x^2-12x+9\\&=3(x^2-4x+3)\\&=3(x-1)(x-3)\end{aligned}$$

으로 하고, 이 $y'$를 0으로 하는 $x$의 값을 구하는 현재의 미분법의 선구를 이루는 것이다.

그러므로 프랑스의 수학자 페르마를 미분학의 발견자라고 말하는 사람도 있다.

## 파스칼(Pascal Blaise, 1623~1662)

파스칼은 귀족 출신으로 프랑스의 클레르몽 페랑이라는 곳에서 국왕의 참사관(參事官)인 아버지와 명문 출신의 어머니 사이에서 태어났다. 그에게는 두 자매가 있었다.

파스칼은 세 살 때 어머니를 여의었으나 학식이 풍부한 아버지와 헌신적인 한 하녀의 손에서 무럭무럭 자랐다.

파스칼의 아버지는 그리스어와 라틴어에 능통했고, 음악은 물론이고 수학, 과학 그리고 그것들의 응용에도 깊은 관심을 갖고 있었다. 그래서 그는 이따금 집에 당시의 저명한 수학자와 과학자들을 모아 놓고 수학과 과학을 토론하는 모임을 열곤 했었다. 이 모임에 참가한 사람들 중에는 후에 파스칼에게 큰 영향을 끼친 데자르그(G. Desargues, 1593~1662)도 끼어 있었다.

여러분은 「데자르그의 정리」라는 것을 알고 있는가? 그것은 다음과 같은 아주 훌륭한 정리(定理)이다.

'삼각형 ABC와 삼각형 A′B′C′가 있고, 만약 꼭짓점 A와 A′, B와 B′, C와 C′를 맺는 직선이 한 점 S에서 교차한다면, 변 BC와 B′C′, CA와 C′A′, AB와 A′B′의(연장의) 교점 P, Q, R은 일직선 위에 있다.'

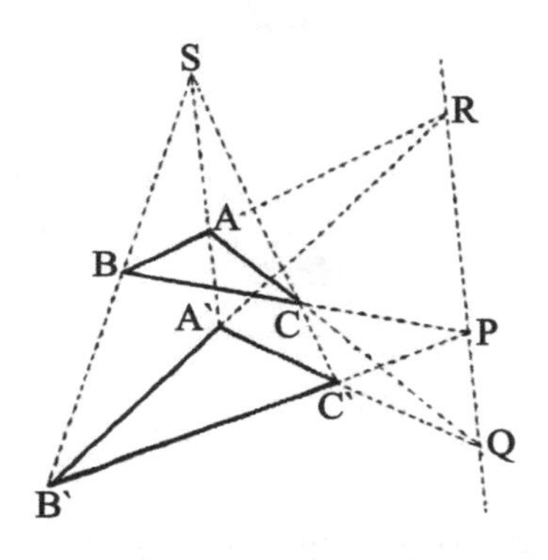


파스칼의 아버지는 아들의 교육에 매우 신중했다. 너무 빠른 시기에 아이의 머릿속에 기성지식을 채워 넣는 것은 좋지 않으므로, 먼저 파스칼의 눈을 자연 속에서 일어나는 여러 가지 현상에다 돌리기로 했다. 라틴어와 그리스어는 파스칼이 12세가 될 때까지, 수학과 과학은 15세가 될 때까지는 가르치지 않으려고 생각하고 있었다.

## 삼각형의 내각의 합

아버지의 이러한 교육방침은 적절했던 것으로 생각된다. 아버지의 지도로 파스칼은 모든 현상에 흥미를 나타내고, 아버지에게 수학과 자연과학에 관한 여러 가지 질문을 하게 되었다.

어느 날 파스칼은 아버지에게

'기하학이란 도대체 어떤 학문이에요?'

하고 질문했다. 이것에 대해 아버지는

'기하학이라는 것은 평면 위, 또는 공간 속에 여러 가지 그림을 그려서 그것들의 성질을 조사해 가는 학문이다.'

라고 대답했다.

파스칼은 곧 땅 위에 직선과 원 등을 그리면서 그 성질을 조사하기 시작했다. 그의 누이동생의 말에 의하면, 파스칼은 아버지로부터 아무것도 배우지 않고 어떠한 책도 보지 않은 채 완전히 자기 혼자의 힘으로

'삼각형의 내각의 합은 두 직각이다.'

라는 것을 발견했다고 한다.

또 자연현상에 대해서도 깊은 관심을 지녔던 파스칼은 접시를 막대로 두들기면 소리를 내고 이것을 손가락으로 누르면 소리가 그친다는 것에 착안하여, 이런 종류의 실험을 거듭해 마침내 음향학(音響學)에 관한 소논문을 한 편 썼다.

이상은 모두 파스칼이 12세 때의 일이었다.

### 신비의 육각형

파스칼의 이 같은 훌륭한 성장과 천재성에 감격한 아버지는 처음 예정을 변경하여 직접 파스칼의 손을 잡고 라틴어, 그리스어, 수학, 물리학, 철학을 가르치기 시작했다.

드디어 파스칼은 16세 때 『원뿔곡선시론(圓錐曲線試論)』이라는 후세에 남을 만한 명저를 저술했다. 이 책에는 앞에서 말한 「데자르그의 정리」와 더불어 이른바 사영기하학(射影幾何學)의 2

대 기본원리가 된 「파스칼의 정리」가 포함되어 있었다. 「파스칼의 정리」라는 것은 다음과 같다.

'원뿔곡선에 내접하는 육각형에서 대응하는 변의(연장의) 교점은 일직선 위에 있다.'

지금 원뿔곡선에 내접하는 육각형을 ABCDEF라고 하면, 여기에 대응하는 변이라는 것은 AB와 DE, BC와 EF, CD와 FA를 말한다.

파스칼의 정리는 이들 변의(연장의) 교점 P, Q, R이 일직선 위에 있다는 것을 증명하고 있는 것이다.

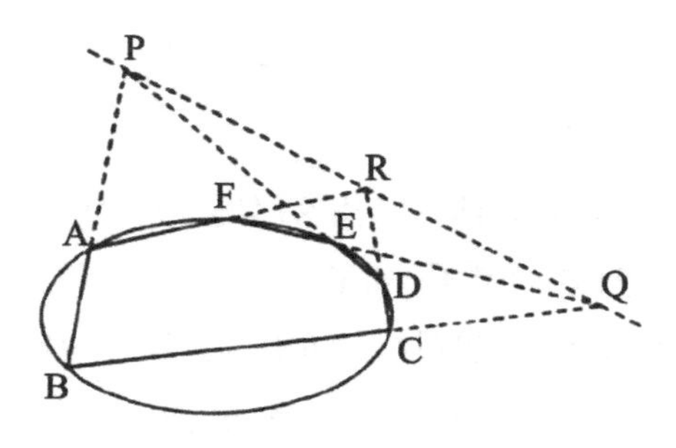


파스칼은 이 정리를 증명하는 데 다음과 같은 방침을 세웠다. 즉 먼저 이 정리를 원에 내접하는 육각형에 대해서 증명한다. 그리고 그 원을 밑면으로 하는 직원뿔(直圓錐)을 생각하고, 이 직원뿔을 하나의 평면에서 자르면 그 단면에는 단면의 원뿔곡선에 내접하는 육각형이 나타난다. 이때 밑면 위의 점은 단면 위의 점에, 밑면 위의 직선은 단면 위의 직선에, 밑면 위에서 일직선 위에 있었던 점은 단면 위의 일직선 위의 점에, 밑면 위에서 한 점에 모여 있었던 직선은 단면 위에서 한 점에

집합하는 직선 위로 옮겨지므로, 만약 이 정리가 원에 내접하는 육각형 ABCDEF에 대해서 증명되어 있으면, 이 정리는 원뿔곡선에 내접하는 육각형 A′B′C′D′E′F′에 대해서도 성립하는 것을 알 수 있다는 것이 파스칼의 방침이었다.

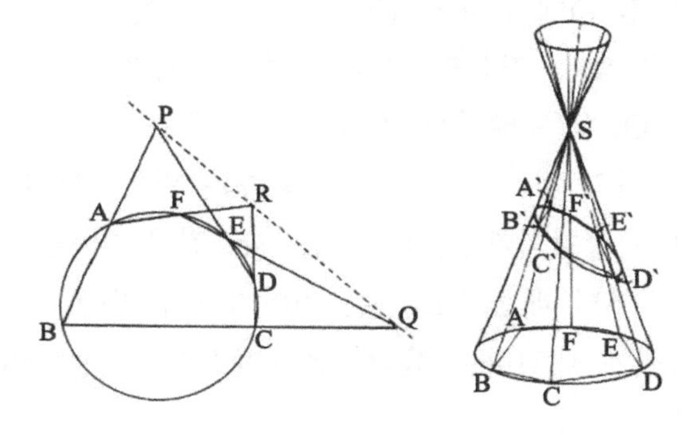


그래서 파스칼은 원에 내접하는 육각형 ABCDEF를 그려서, 그 대응하는 변 AB와 DE, BC와 EF, CD와 FA의(연장의) 교점을 각각 P, Q, R로 하고, P, Q, R이 일직선 위에 있다는 것을 증명하려고 밤낮없이 노력하여 마침내 다음과 같은 훌륭한 증명을 얻어냈다.

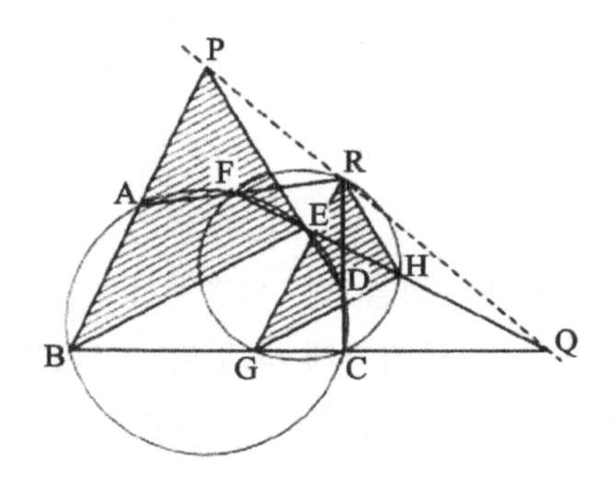

그것은 세 개의 점 F, R, C를 통과하는 원을 그려서, 그 원과 BC와의 교점을 G, EF와의 교점을 H라고 하면, 여기에 서로 닮은 위치에 놓여 있는 두 개의 닮은 삼각형 PBE와 RGH가 나타나고, 대응하는 꼭짓점 B와 G를 맺는 직선과 E와 H를 맺는 직선은 점 Q에서 교차하고 있으므로, 제3의 대응하는 꼭짓점 P와 R을 맺는 직선도 점 Q를 통과하지 않으면 안 된다. 즉 세 점 P, Q, R은 일직선 위에 있다고 하는 증명이다.

이같이 세 개의 점 F, R, C를 통과하는 원을 그린다고 하는 것은 너무나 기상천외한 생각이므로, 파스칼은 이 원을 꿈속에서 하느님으로부터 배웠다고 하는 이야기마저 있다.

또 원뿔곡선에 내접하는 육각형은 「파스칼의 신비(神秘)의 육각형」이라고 불리기도 한다.

### 파스칼과 도박

파스칼은 그의 친구이자 직업적인 도박사인 슈바리에 드 멜레로부터 다음과 같은 질문을 받았다.

「지금 솜씨가 서로 비슷한 A, B 두 사람이 32피스톨(피스톨은 옛날의 스페인의 금화)씩을 걸고 내기를 겨루고 있다고 하자. 승부에서 한 번 이기면 1점을 얻고 상대편보다 먼저 3점을 획득한 사람이 돈 64피스톨을 몽땅 갖기로 약속했다고 한다.

지금 A가 2점, B가 1점을 딴 시점에서 어떤 사정으로 인해서 부득이 승부를 중지하게 되었다. 그러면 64피스톨을 어떻게 분배하는 것이 가장 합리적일까?」

이것에 대한 파스칼의 대답은 다음과 같았다.

이 경우 다시 한 판 승부를 계속한다고 생각하면, 만약 다음 승부에 A가 이기면 A는 B보다 먼저 3점을 딴 것이 되어, A가 64피스톨을 몽땅 받게 될 것이다. 만약 다음 승부에서 A가 진다면 A는 2점, B도 2점을 따는 것이 되고, 여기서 승부를 중지하면 A도 B도 각각 32피스톨을 받게 될 것이다.

따라서 만약 다음 승부에서 A가 이기면 A는 64피스톨을 받고, 만약 A가 지더라도 A는 32피스톨을 받게 된다. 따라서 다음 번 승부를 하기 전에 게임이 중지되어, 돈을 분배하려 할 경우에 A는 B에게 다음과 같이 말할 수 있을 것이다.

'나는 다음 승부에 이기든 지든 32피스톨은 받을 것이다. 나머지 32피스톨은 다음 승부에서 내가 이기면 내 것이고, 내가 지면 당신 것이다. 그러나 다음 승부에 내가 이길지 질지는 반반이다. 그러므로 내게, 내가 확실히 받게 되어 있는 32피스톨을 먼저 주어라. 그리고 나머지 32피스톨의 절반 16피스톨을 내게 달라. 그리고 당신은 나머지 16피스톨을 받아가라.'

이리하여 A는 32피스톨에 16피스톨을 보탠 48피스톨을 받아가고, B는 16피스톨을 받아가는 것이 이 경우 가장 타당한 분배 방법이라는 것이 파스칼의 대답이었다.

## 확률의 사고로 고쳐 표현해 보면

이상의 논의를 현재의 확률(確率)이라는 생각으로 고쳐 표현해 보면 다음과 같이 된다.

먼저 A가 이 게임에 이길 확률을 구해 보자. A가 다음 번 승부에서 이길 확률도 질 확률도 1/2인데, 만약 다음 번 승부에서 A가 이기면 A는 B보다 먼저 3점을 따는 것이 되어 이번 게임은 A의 승리이다. 그리고 이것이 일어날 확률은 1/2이다.

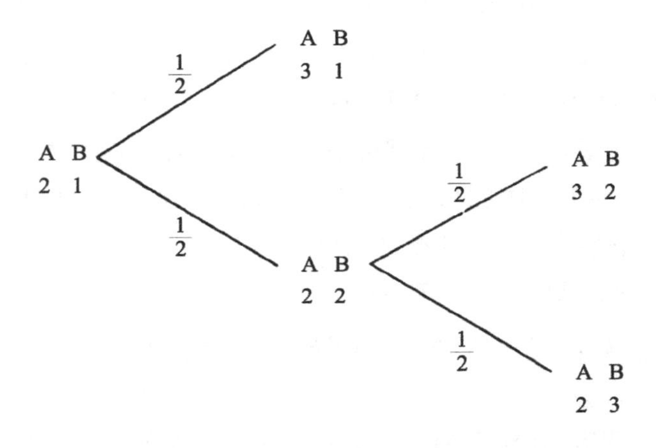


만약 다음 번 승부에서 A가 지면 그 시점에서는 A도 2점, B도 2점을 딴 것이 되어 승부는 끝나지 않는다. 이것이 일어날 확률은 1/2이다. A가 이 게임에 이기기 위해서는 그다음 번 승부에서 A가 이겨야 한다. 이것이 일어날 확률은

$$\frac{1}{2}\times\frac{1}{2}=\frac{1}{4}$$

이다. 결국 A가 이 게임에 이길 확률은

$$\frac{1}{2}+\frac{1}{4}=\frac{3}{4}$$

이다.

또 B가 이 내기에 이길 확률은 $\frac{1}{4}$이다.

따라서 64피스톨은

$$A : 64 \times \frac{3}{4} = 48$$

$$B : 64 \times \frac{1}{4} = 16$$

으로 분배하는 것이 타당하다는 것이 파스칼의 대답이었던 것이다.

## 뉴턴(Newton Isaac, 1642~1727)

뉴턴은 영국의 울소르프의 가난한 농가에서 태어났다. 그가 태어났을 때 아버지는 이미 세상을 떠나고 없었기에 어머니의 손에 양육되었다.

11세 때 고향의 킹즈학교에 입학했는데, 이미 기계에 대해 비상한 관심을 보여 해시계와 물시계를 만들었다.

1656년 14세 때 고향집으로 돌아와 농사를 지었는데, 틈틈이 수학 문제를 풀고, 실험을 하면서 기계 만드는 것을 본 어머니는 뉴턴이 농사에는 맞지 않으며 과학연구에 적성이 있다고 생각했다. 숙부의 원조를 받아 뉴턴을 케임브리지대학의 트리니티 칼리지로 보냈다.

그 뒤 뉴턴의 학업은 순조롭게 진행되어 1668년, 26세 때 박사 학위를 받았고, 그 이듬해에는 스승 배로우(I. Barrow, 1630~1677)

교수의 뒤를 이어 케임브리지 대학의 교수가 되어서 1696년까지 케임브리지 대학에서 수학, 물리학, 천문학에 많은 업적을 남겼다.

## 운동법칙과 만유인력의 법칙

필자는 앞에서 갈릴레이가 공중으로 던져 올려진 물체의 운동은 가로 방향으로의 등속운동과 세로 방향으로의 연직상방운동을 조합한 운동을 한다는 것을 발견했다는 이야기를 했다.

이 사실은 물체의 운동을 다음의 두 가지 운동으로 분해할 수 있다는 것을 가리키고 있다.

(1) 초기의 속도는 그 방향에서나 크기에서나 일정하게 유지되고 있는 운동(관성운동)이다.

(2) 연직하방으로는 일정한 가속도운동이다.

뉴턴은 이 이론을 천체(天體)의 더 복잡한 운동으로, 그리고 일반적인 운동으로 확장했다. 지구와 같은 행성이 태양 주위를 돌아가는 회전운동에 대해서 뉴턴은 이것을 다음의 두 가지 성분으로 분해했다.

(1) **관성운동** 여기서 초기의 속도는 그 방향에서나 크기에서나 그대로 유지된다.

(2) **태양과 지구 사이의 인력의 작용** 여기서 지구는 태양의 방향으로, 지구와 태양 사이의 거리의 제곱에 반비례하는 가속도를 받는다.

뉴턴은 이 생각들을 유명한 운동법칙과 만유인력의 이론으로 발전시켜 갔다.

운동법칙이란 다음과 같다.

**법칙 1** 모든 물체는 그것에 가해진 힘이 그 상태를 바꾸려 하지 않는 한, 언제까지고 정지한 상태 또는 한결같은 운동 상태를 계속하여 유지한다(관성의 법칙).

**법칙 2** 운동의 변화는 그것에 가해진 힘에 비례한다. 그리고 힘이 가해진 방향으로 일어난다(힘의 법칙).

**법칙 3** 모든 작용에 대해서 이것과 반대 방향이고 크기가 같은 반작용(反作用)이 존재한다(작용 반작용의 법칙).

또 만유인력의 법칙은 다음과 같다.

**만유인력의 법칙** 우주에 있는 모든 질점은 다른 질점을 그것들을 맺는 직선의 방향으로, 그것들의 질량의 곱에 정비례하고, 그들 사이의 거리의 제곱에 반비례하는 크기를 가진 힘으로써 끌어당긴다.

이 법칙들은 훌륭한 성공을 거두었고, 앞에서 말한 케플러의 법칙 등도 이것들을 사용해서 훌륭하게 증명되었다.

그리고 이 법칙들은 그로부터 200여 년 동안 모든 물리학, 천문학 그리고 기계공학의 기초가 되었다. 또 뉴턴은 이러한 물리학을 전개하기 위해 자연과학의 언어로서 수학을 연구하여 드디어 미분적분학을 발견하게 되었다.

미분적분학의 발견자는 뉴턴과 라이프니츠(G. W. von Leibniz, 1646~1716)라고 말하고 있으나, 현재의 미분적분학에서의 기호는 뉴턴의 것보다 라이프니츠의 것이 많이 사용되고 있다.

뉴턴에 대해서는 여러 가지 에피소드가 남아 있다.

## 난로

어느 추운 날 밤, 뉴턴은 난롯가 가까이에 앉아 열심히 수학을 연구하고 있었다. 그런데 난로 열기가 차츰 뜨거워져 끝내는 더워서 못 견디게 되었다.

뉴턴은 하인을 불러서

'너무 덥군. 어떻게 안 될까?'

하고 말했다. 그러자 하인은

'선생님, 잠깐만 서 주실까요.'

하고 뉴턴의 의자를 난로 곁에서 멀찌감치 떼어 놓았다. 물론 뉴턴은 그동안에도 수학에 대해 계속 궁리하고 있었다.

그리고 하인이 난로에서 떼어 놓은 의자에 앉아서

'이거 참 좋은 생각이군. 이제 딱 좋군.'

이라고 말하면서 다시 수학 연구를 계속했다고 한다.

## 고양이 새끼가 다니는 길

뉴턴은 고양이를 무척 좋아해 한 마리를 기르고 있었다. 고양이는 스스로 문을 열 수 없을 테니까 불쌍하다고 생각한 뉴턴은 복도와 방, 방과 방 사이에 모조리 고양이가 다닐 수 있는 구멍을 뚫어 놓았다.

그러던 어느 날, 이 고양이가 여러 마리의 새끼를 낳았다. 매우 기뻐한 뉴턴은 하인을 불러서 어미고양이가 다니는 커다란 구멍 옆에 새끼고양이가 다닐 수 있도록 작은 구멍을 몇 개 더 뚫어 주라고 일렀다.

뉴턴은 하인이

'어미고양이가 다니는 큰 구멍이 있으면 새끼고양이는 당연히 그 구멍으로 드나들 수 있을 텐데요.'

하고 말할 때까지 그것을 알아채지 못했다고 한다. 천재와 바보는 백지장 하나의 차이인가 보다.

## 사과가 떨어지는 것을 보고

뉴턴에 관한 가장 유명한 에피소드는 다음의 이야기일 것이다.

어느 날 밤, 뉴턴이 열심히 공부를 하고 있는데 마당에서 뚝하는 소리가 들렸다. 뉴턴이 무엇일까 하고 마당으로 눈을 돌렸더니, 그것은 마당에 있는 사과나무에서 사과가 하나 떨어지는 소리였다.

뉴턴은

'왜 사과는 아래로 떨어질까?'

하고 궁금해하다가 이것은 지구가 사과를 끌어당겼기 때문이라고 생각했다. 이리하여 뉴턴은 모든 물체는 서로 어떤 법칙을 따라서 끌어당기고 있다고 하는 그 유명한 만유인력의 법칙을 착상했다고 한다.

앞에서도 말했듯이 큰 발견에는 으레 이런 종류의 에피소드가 따라붙기 마련이다. 그리고 이 에피소드 가운데는 그 발견 내용과 딱 들어맞는 것, 그렇지 않는 것이 있다.

이 이야기도 사과나무에서 사과가 떨어지는 것을 보고, 만유인력의 법칙을 착상했다고 하는 것은 좀 비약된 이야기라고 생각된다. 그래서 필자는 이 이야기를 다음과 같이 개작해 보았다.

어느 날 밤, 뉴턴이 열심히 공부를 하고 있는데 마당에서 어떤 소리가 났다. 뉴턴이 무엇일까 하고 뜰을 내다보았더니, 그것은 뜰에 있던 사과나무에서 사과 한 개가 떨어진 소리였다. 그날 밤 이 사과나무 위에 보름달이 환하게 빛나고 있었다. 그래서 뉴턴은

'사과는 나무에서 떨어지는데 왜 달은 떨어지지 않을까?'

하고 생각했다.

뉴턴은 모든 물체는 어떤 법칙으로서 서로 끌어당기고 있는 것이라고 생각하면, 사과는 나무에서 떨어지지만 달은 지구로 떨어지지 않는다는 것을 잘 설명할 수 있다는 사실을 깨달았다. 필자는 이쪽이 뉴턴의 만유인력 발견에 관한 에피소드로서는 더 적합한 것이 아닐까 하고 생각하여, 도야마 선생님께 말씀드렸다. 그러자 선생님은 다음의 이야기가 진상에 더 가깝지 않을까 하시면서 이런 이야기를 해 주셨다.

뉴턴은 여왕으로부터 'sir'이라는 칭호를 받았을 정도니까 만년에는 상당히 높은 지위에 올랐을 것이 틀림없다. 그렇다고 하면 뉴턴은 좋건 싫건 간에 귀족들과의 사교적인 교제도 해야 했을 것으로 생각된다.

이를테면 뉴턴이 밤 연회에 나오면 백작 부인 등으로부터

'아이구 뉴턴선생님이시군요. 전 선생님을 뵙게 되면 여쭈어 보려고 전부터 생각했는데, 선생님은 어떤 계기로 저 훌륭한 만유인력의 법칙을 발견하셨나요?'

라는 아부인지 질문인지 모를 질문을 여러 번 받았을 것이 틀림없다. 그럴 때 뉴턴은 처음에는 이런 질문에 대해서 꽤나 진지하게 대답을 했었겠지만, 지나치게 고지식한 대답은 백작 부

인이나 남작 부인들은 알아듣지 못한다는 것을 알아채고, 또 그런 대화가 연회장의 분위기에 어울리기 않다는 것을 깨닫고는

'사과가 나무에서 떨어지는 것을 보고 그걸 착상한 거지요.'

라고 간단하면서도 연회장에 어울리는 대답을 하게 되었을 것이라는 것이 선생님의 의견이었다.

지금은 필자도 선생님의 의견이 가장 멋있는 추측이라고 생각하고 있다.

## 아벨(Abel Niels Henrik, 1802~1829)

아벨은 1802년 8월 5일에 노르웨이의 목사 집안에서 태어났다.

그의 아버지는 덴마크대학에서 공부하며 상당한 재능을 발휘했다고 하는데, 당시에는 오랫동안 계속된 전란 때문에 그의 조국 노르웨이도 가난했고 또 아벨의 집안도 고달픈 생활을 이어가고 있었다.

### 홀름뵈 선생

가난했으나 아벨은 우수한 성적으로 크리스티아니아중학교 장학생으로 입학했다. 이 학교에서 아벨은 홀름뵈(B. M. Holmboe) 선생님으로부터 수학을 배우게 된 것이 인연이 되어 수학에 깊은 관심을 갖게 되었다.

그때까지 문학 서적을 읽고 있던 아벨은 흥미를 바꿔 수학책을 탐독하게 되었다. 홀름뵈 선생은 자기가 알고 있는 지식을 모두 이야기해 주었고, 후에는 아벨과 함께 라플라스(P. S. Laplace, 1749~1827), 가우스(J. K. F. Gaus, 1777~1855) 등의 책을 읽어 나갔다.

아벨은 너무 수학에 열중했기 때문에 다른 학과를 등한시 하여, 다른 과목의 선생들에게는 평판이 좋지 않았지만 홀름뵈 선생은 아벨이 장래 훌륭한 수학자가 되어 좋은 일을 할 것이라는 것을 확신하고 있었다.

## 5차방정식

아벨은 18세 때 장학생으로 크리스티아니아대학에 입학했다.

물론, 아벨은 수학을 전공했다. 너무 수학에만 열중해 다른 과목의 시간에도 수학만 생각하고 있었다. 한 번은 과학시간에 수학 문제를 골똘히 생각하고 있다가 문득 묘안이 떠오르자, 저도 모르게 그만 큰소리로 「알았다. 알았어!」하고 소리치면서 교실을 뛰쳐나가 선생과 학우들을 어리둥절하게 했다는 이야기가 전해진다.

아벨은 1822년, 22세에 대학을 졸업했다.

아벨이 중학 시절부터 대학 시절에 걸쳐서 줄곧 생각하고 있었던 문제는 5차방정식의 문제였다.

필자는 전에 1차방정식은 이집트와 바빌로니아인들에 의해서 연구되었고, 2차방정식은 인도인들에 의해서 연구되었으며, 3차방정식과 4차방정식은 이탈리아인들에 의해서 연구되었다고 말했다.

따라서 1차, 2차, 3차, 4차방정식에 대해서는 일반적인 해법이 발견되어 있었던 셈이다.

이탈리아의 수학자들은 이어서 5차방정식의 해법도 많이 연구했을 것이라고 생각되는데, 그들은 5차방정식에 대해서는 어떠한 결과도 말하지 못했다.

아벨이 중학생 때부터 열중하고 있었던 문제는 이런 역사를 가진 5차방정식의 해법에 관한 문제였다.

아벨은 대학에 입학한 해에, 이 5차방정식의 해법을 발견했다고 생각했다. 그래서 크리스티아니아대학의 수학 교수 라스뮤센(K. Rasmussen)과 천문학 교수 한스텐(C. Hanstten)에게 제시했다. 아벨의 이 발견은 사실 틀린 것이었는데도 두 교수는 그 해법의 잘못을 찾아내지 못했다.

한스텐은 아벨의 논문을 코펜하겐의 데겐(F. Degen)교수에게 보내 학회에서 발표해 주도록 부탁했다. 이것에 대해 데겐 교수는 다음과 같이 대답하고 있다.

'아벨 군이 그 당초의 목적을 달성했다고는 말할 수 없지만, 그의 재능과 그의 박식을 충분히 보여 주었다고 말할 수는 있을 것입니다. 나는 아벨 군이 5차방정식의 해법이라는 문제가 아니라, 수학 전체의 발전에 보다 큰 영향을 갖는 문제, 이를테면 타원함수(楕圓函數)의 연구로 나갈 것을 바랍니다.'

아벨은 이것으로 자신의 실패를 알 수 있었다. 그러나 처음부터 연구해 왔던 5차방정식이라는 문제를 버릴 수는 없었다. 전보다 이 문제에 더 열심히 파고들었다. 한편 아벨은 데겐 교수의 충고를 받아들여 타원함수의 연구도 시작했다.

1823년, 아벨이 21세 때 적분에 관한 한 편의 논문을 썼는데, 이것이 대학에서 아주 좋은 평을 받아 아벨은 라스무센 교수의 여비 보조를 받아 코펜하겐에서 여름을 보내는 행운을 얻었다. 훌륭한 데겐, 슈미텐의 두 수학자와 함께 여름을 보낼 수 있었다. 아벨은 이때의 상황을 스승 홀름뵈에게 편지로 자세히 알리고 있다.

이 편지의 내용으로 미루어 보아 아벨은 이 무렵에 벌써 타원적분에서 정의되는 함수의 역함수로서, 정의되는 타원함수의 의미를 정확하게 파악하고 있었던 것으로 생각된다.

1824년, 22세 때 그는

'일반적인 5차방정식은 그 계수(係數)에 가감승제와 제곱근의 연산만으로는 풀 수가 없다.'

고 하는 것을 증명하는 데 성공했다.

## 불가능의 증명

그런데 이 아벨의 정리처럼 수학에는

' …… 할 수가 없다.'

고 하는 형태의 정리가 상당히 많다.

지금, 몇 가지 예를 들어 그 의미를 설명해 보기로 하자.

먼저, 다음 문제를 생각해 보자.

'여기에 다음 그림과 같이 왼쪽 위와 오른쪽 아래가 깎여나간 마루방이 있다. 이 마루방에 그림과 같이 가로 2m, 세로 1m 한 장으로 된 합판만을 사용해 마루방에 마루를 깔려고 하면 깔리지 않는다. 그 이유를 설명하라.'

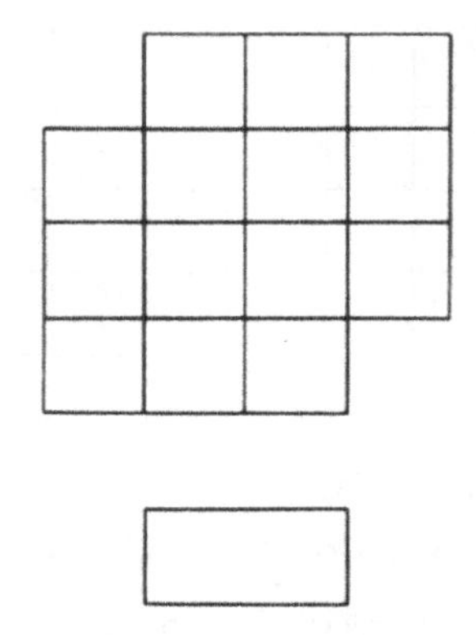

이 문제는

'…… 할 수가 없다.'

는 형태의 정리의 설명을 요구하고 있는 문제이다. 이런 종류의 정리의 증명을 「불가능의 증명」이라고 부르기로 한다.

이 문제를 다음과 같이 생각해 보자. 먼저 왼쪽 위와 오른쪽 아래의 작은 정사각형 부분이 깎이지 않은 본래의 정사각형을 생각하고, 이것을 다음 그림과 같이 바둑판무늬로 칠해 본다.

그렇게 하면 본래의 그림 속에는 작은 정사각형이 $4 \times 4=16$ 개가 있으므로 이 같이 바둑판무늬로 칠한 그림에는

검은 정사각형이 8개

흰 정사각형이 8개

있을 것이다.

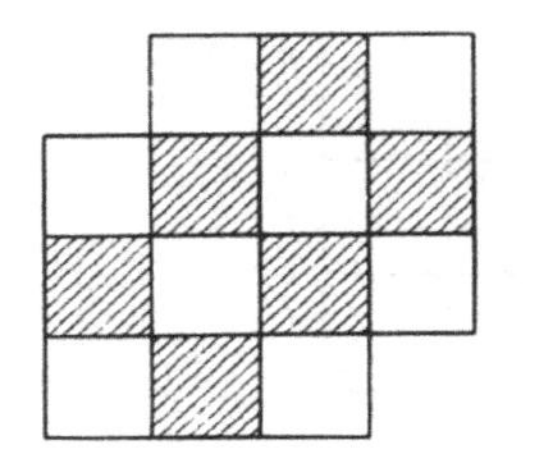
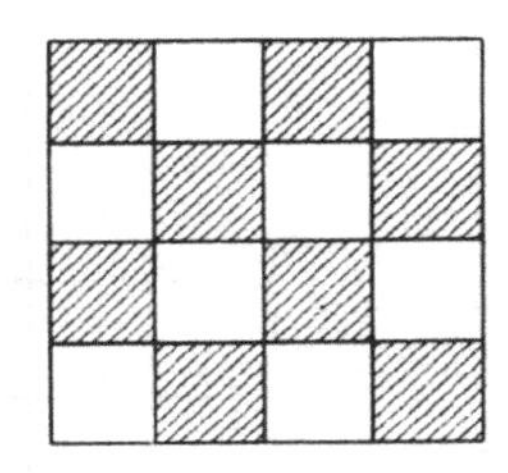

그런데 지금 생각하고 있는 그림은 이 그림으로부터 왼쪽 위와 오른쪽 아래의 정사각형이 각각 한 개씩 빠져나간 것이다. 지금 바둑판무늬로 칠을 했으니까 이들 정사각형은 같은 색깔이다. 이 그림에서는 양쪽이 다 검은 색이다.

따라서 이 그림에서 왼쪽 위의 검은 정사각형과 오른쪽 아래의 검은 정사각형을 제외한 그림 속에는

검은 정사각형이 6개

흰 정사각형이 8개

가 있는 것이 된다.

그런데 이 방에 가로 2m, 세로 1m 크기의 합판을 깐다고 하면, 그 합판은 반드시 검은 정사각형과 흰 정사각형을 한 개씩 덮어 나갈 것이다.

따라서 아무리 해도 흰 정사각형이 8-6=2장 남게 된다. 이렇게 해서는 남은 흰 정사각형은 비스듬하게 늘어서 있고, 결코 가로로는 배열되지 않는다. 따라서 이것들을 가로 2m, 세로 1m 크기의 낱장으로 된 합판으로는 결코 덮을 수가 없다.

이래서 이 문제는 해결되었다.

이 문제의 내용을 다시 한번 잘 살펴보자.

문제는

'가로 2m, 세로 1m인 크기의 합판만 사용한다는 제한을 붙여서는 마루방에 합판을 깔 수가 없다.'

고 말하고 있는 것이다. 만약 「가로 2m, 세로 1m의 크기의 합판만을 사용한다」는 제한을 없애고, 그것의 절반 크기의 합판을 사용해도 된다고 하면 같은 형태의 마루방에 합판을 까는 일은 아무 문제가 없다.

이와 같이 수학에

' …… 할 수가 없다.'

는 형태의 정리가 나타날 때 그것은

' …… 라는 제한을 붙여서는 …… 할 수가 없다.'

라는 형태를 취하고 있다.

좀 더 수학적인 예를 들어 보자.

우리는 이미

'$\sqrt{2}$는 무리수이다.'

라는 것을 알고 있다. 이 의미는 $p$, $q$라는 두 개의 정수를 사용해서는 $\sqrt{2}$라는 수를

$$\sqrt{2} = \frac{p}{q}$$

의 분수의 형태로는 쓸 수가 없다고 하는 뜻이다.

이것도

'분자도 분모도 정수라는 제한을 붙여서는 $\sqrt{2}$를 분수의 형태로 쓸 수가 없다.'

바꿔 말하면

'…… 라는 제한을 붙여서는 ……할 수가 없다.'

라는 형태를 취하고 있다. 만약 이 제한을 제거해 버린다면, 즉 분자와 분모가 정수가 아니라고 해도 성립한다면 $\sqrt{2}$는

$$\sqrt{2}=\frac{\sqrt{2}}{1},\ \sqrt{2}=\frac{2}{\sqrt{2}}$$

등 여러 가지 분수의 형태로 쓸 수 있다.

또 하나 수학적인 예를 들어 보자.

우리는 이미 그리스의 현자(賢者)들이 이른바 3대 난문,

'임의로 주어진 각을 3등분하라.'

'주어진 입방체의 2배의 체적을 갖는 입방체를 작도하라.'

'주어진 원과 면적이 같은 정사각형을 작도하라.'

에 대해서 무척 고생한 사실을 알고 있다.

그러나 그 고생의 원인은 그들이 그 작도방법을 자와 컴퍼스만 사용하는 것으로 제한한 데서부터 일어난 것이다. 만약 이 제한을 없애버리고 자와 컴퍼스 이외의 도구를 사용해도 좋다고 한다면 그들은 거뜬히 이 문제를 풀 수 있었을 것이다.

이 문제가 때로 작도 불가능한 문제라고 말하는 것은

'만약 작도의 도구를 자와 컴퍼스만으로 제한하고, 자는 주어진 두 점을 맺는 직선을 긋는 목적에만, 컴퍼스는 주어진 점을 중심으로 하여 주어진 반지름의 원을 그리는 목적에만, 더구나 그것들을 유한한 횟수만 사용한다는 제한을 붙여서는, 작도를 하는 것은 불가능하다.'

고 하는 의미이다.

그러면 여기서 다시 한번 아벨이 증명한 정리

'일반적인 5차방정식은 그 계수에 가감승제와 제곱근의 연산만으로는 풀 수가 없다.'

를 살펴보기로 하자.

이것도 5차방정식은 풀 수가 없다고 말하고 있는 것은 아니다. 「그 계수에 가감승제와 제곱근의 연산(演算)만을 사용한다.」고 하는 제한을 붙여서는 일반적인 5차방정식은 풀 수가 없다고 말하고 있는 것이다.

## 외국 유학

그런데 아벨은 이 결과를 정리한 논문을 자비로 출판하지 않으면 안 되었기 때문에, 인쇄비를 절약하기 위해서 그는 논문을 지나치리만큼 압축해야만 했다. 따라서 논문은 약간 이해하기 힘든 것이 되어 버렸다. 아벨이 여러 선생들로부터 전면적인 지원을 받을 수 없었던 것은, 전에도 한 번 실패한 적이 있었다는 것과 이 논문의 난해성에 의한 것으로 생각된다.

이 논문은 인편으로 괴팅겐에 있는 가우스(Gauss)에게 보내졌다. 가우스는 이것에 대해서 「이따위 것을 썼다니. 정말 기가 차는군.」 하고 말했다고 전해지고 있다. 그 이후 아벨은 가우스에게 호감을 갖지 않았던 것 같다.

아벨은 1825년, 23세 때 선생들의 추천으로 친구 네 사람과 함께 2년간 외국으로 유학할 기회를 잡았다.

아벨은 크리스티아니아를 출발해 코펜하겐으로 갔으나 앞에서 말했던 데겐은 이미 작고하고 없었다. 그러나 아벨은 여기서 베를린의 수학자 크렐레(A. L. Crelle, 1780~1855)의 평판을 들었다.

아벨은 괴팅겐과 파리에서 수학을 연구할 예정이었으나 가우스가 있는 괴팅겐을 피하고 크렐레가 있는 베를린으로 갔다.

아벨과 크렐레와의 첫 만남은 언어의 문제 등으로 약간의 곤란은 있었지만, 그래도 두 사람은 금방 친해져서 거의 매일 만날 정도로 친교를 맺었다. 크렐레는 상당한 수학 업적이 있었고, 많은 장서도 갖고 있었으므로 아벨은 그것을 자유로이 읽고 또 새로운 문헌도 접할 수가 있었다.

크렐레는 당시 새로운 수학 잡지를 낼 계획을 갖고 있었는데, 아벨도 그 계획에 참가했다. 이 크렐레의 수학 잡지가 첫 권을 세상에 내놓은 것은 아벨이 베를린에 도착한 이듬해의 일이다. 아벨은 이 잡지에 수편의 논문을 실었다. 그중의 하나는 일반 5차방정식은 그 계수에 가감승제와 제곱근을 연산하는 것만으로는 풀 수가 없다고 하는 그의 정리에 관한 것이었다. 최초에 쓴 그의 논문은 너무나 압축된 것이었기 때문에 이해하기 어려웠고, 또 그 논문은 그다지 널리 알려져 있지 않았기 때문에 다시 자세히 고쳐 쓴 것이었다.

아벨은 1826년 2월에 베를린을 떠나 프라이부르크, 드레스덴, 빈을 거쳐 이탈리아, 스위스에 들렀다가 7월에는 파리에 도착했다.

파리에 도착한 아벨은 여행으로 빼앗긴 시간을 되찾기 위해 바로 연구에 착수했다. 파리에서 그의 연구주제는 타원함수였다. 아벨은 크렐레와 함께 있을 때, 코시(A. L. Cauchy, 1789~1857)의 새 저서를 읽고, 그 이후 코시의 사상을 앞서가는 몇 가지 생각을 품고 있었다. 그러나 아벨이 파리에서 써서 파리의 아카데미에 제출할 예정이었던 논문을, 아카데미 회원인 코시에게 보였으나 그는 이것을 펼쳐보지도 않았다고 한다.

1926년 말 실망 속에 파리를 떠나 이듬해 1월에 다시 베를린을 찾았다.

그러나 아벨의 생활은 차츰 암담해지고 있었다. 대학으로부터 나오는 돈은 벌써 바닥이 나버렸고, 장래에 대한 불안이 늘 아벨을 괴롭힌 데다, 베를린의 추운 기후 때문에 자주 병상에 눕게 되었다.

아벨의 머릿속에는 수학에 관한 새로운 생각이 연달아 생겨나고 있었기에, 그는 그 생각들을 정리할 시간이 필요해 크렐레의 만류를 뿌리치고 크리스티아니아로 돌아가기로 결심했다.

그러나 크리스티아니아대학도 그를 따뜻이 맞이해 주지는 않았다. 가까스로 1828년, 26세 때 크리스티아니아대학의 대리 강사의 자리를 얻었다. 그러나 그의 업적이 독일에서 인정받으려 하던 그 이듬해, 겨우 27세의 젊은 나이로 세상을 떠나고 말았다.

## 갈루아(Galois Evariste, 1811~1832)

갈루아는 문학과 철학에 정통하고, 자유주의자였던 아버지와 학자 집안의 출신으로 고전어(古典語)에 정통한 어머니 사이에서 1811년 10월 25일 파리 교외의 부를라 렌느(Bourgla Reine)에서 장남으로 태어났다. 갈루아에게는 남동생과 여동생이 한 명씩 있었다.

### 중학교 시절

갈루아는 1823년, 12세 때 파리에 있는 한 중학교에 입학했다. 이 학교는 매우 전통이 있는 학교였는데, 이런 학교에서는 첫째로 라틴어와 그리스어의 형식적인 학습이 중요시되고 있었다. 갈루아는 입학 당시 이것들을 열심히 공부하여 좋은 성적을 거두었다.

프랑스에서는 각 학교에서 선발된 성적이 좋은 학생들이 경쟁하는 이른바 콩쿠르가 성행했다. 콩쿠르에서 1등을 차지한다는 것은 큰 명예였고, 수학에서 1등을 하게 되면 당시 프랑스 학생들이 동경하던 에콜 폴리테크니크(고등공업학교)에 무시험으로 입학하는 특전이 있었다.

갈루아는 그리스어와 라틴어를 잘하여 학교 내에서는 1등을 하고 또 콩쿠르에도 입상한 적이 있었다.

그런데 학년이 올라 갈수록 차츰 라틴어와 그리스어에 대한 흥미를 잃어갔다. 나중에는 마침내 낙제점을 맞게 되어, 같은 것을 두 번이나 배워야 할 지경에 이르렀다. 같은 것을 두 번 공부하는 것에 싫증이 난 갈루아는 아예 그 시간에는 수학반으로 가버리곤 했다. 수학은 선택 과목이어서 각 학급으로부터 희망자를 모아서 따로 한 반을 편성하고 있던 실정이었다.

이때부터 갈루아는 수학에 사로잡히게 되었다. 그가 최초에 읽은 것은 르장드르(A. M. Legendre, 1752~1833)의 기하학이었는데, 그 후 무서운 속도로 닥치는 대로 수학책을 모조리 읽어 나갔다.

기하학을 통해 수학에 대한 흥미를 느낀 갈루아는 대수학의 책을 읽기 시작했다. 그리고는 다시 해석학의 책으로 손을 뻗쳤다.

수학 선생님은 그의 수학에 대한 재능을 충분히 인정해 주었지만, 빠른 속도로 책을 읽어 나가는 갈루아에게 선생의 수학 강의는 지루하기만 했으니, 하물며 다른 수업 따위는 전혀 아무런 의미도 없는 것이었다.

이렇게 되자 갈루아는 별난 놈, 변덕쟁이, 태도가 나쁜 학생으로 다루어지게 되었다. 그의 수학 재능을 인정하고 있던 선생님은 갈루아에게 수학 이외의 학과에도 힘을 쏟아 공부를 하라고 충고했으나 갈루아는 예, 예 하면서도 여전히 전과 같은 태도를 취하고 있었다.

16세이던 그 무렵, 갈루아의 소망은 에콜 폴리테크니크의 입학시험에 합격하여 그곳에서 마음껏 수학 연구에 몰두하는 것이었다.

갈루아는 몰래 에콜 폴리테크니크의 입학시험을 치르기 위한 준비를 시작했다. 그렇게 학교의 입학시험을 치렀으나 멋지게 실패하고 말았다. 실패의 원인은 그가 수학에서 나쁜 성적을 땄기 때문이 아니라, 면접시험 때 시험관이 갈루아에게 너무 시시콜콜한 질문을 했기 때문에, 갈루아가 사람을 업신여긴다고 화를 냈고, 그것이 또 시험관을 노엽게 만들었기 때문이라고 한다.

이 사건은 갈루아에게 큰 충격을 주었는데, 그래도 갈루아는 꼭 에콜 폴리테크니크에 들어가서 수학을 전공하겠다는 희망을 버리지 못했다. 다시 마음을 고쳐먹고 입학시험에 응하려고 그 준비를 위한 수학 특별반에 들어갔다. 이것은 그가 17세 때의 일이다.

여기서 갈루아는 그의 재능을 충분히 인정해 주며 그를 따뜻하게 격려해 준 리샬(L. Richard) 선생과 만났다.

리샬 선생은 갈루아에게 수학에서 1등의 성적을 주었으나 갈루아가 선발되어 콩쿠르에 참가했을 때의 성적은 5등이었다. 만약 1등이었더라면 갈루아는 무시험으로 에콜 폴리테크니크에 들어갈 수 있었을 터인데, 여기서도 또 입학할 기회를 놓쳐 버리고 만다.

## 갈루아의 논문

갈루아는 1829년, 18세 때 정수론(整數論)에 관한 그의 최초의 연구 논문을 잡지에 발표했다. 이 논문의 내용은 후에 「갈루아의 정리」로 유명해지지만, 그것이 발표된 당시에는 유감스럽게도 어느 한 사람의 주목도 끌지 못했다.

그러나 갈루아는 이 무렵부터 수학 잡지를 읽기 시작하여, 잡지를 통해서 아벨의 업적을 접하게 되었다. 특히 크렐레가 낸 수학 잡지에 실린 아벨의 대수방정식에 관한 논문과 적분에 관한 논문을 갈루아가 숙독했을 것이라고 생각된다.

갈루아는 이 무렵, 방정식론에 관한 한 편의 논문을 완성하여 그것을 프랑스의 아카데미에 보냈다. 프랑스의 아카데미에서는 투고된 논문은 회원이 일단 읽어 본 뒤에, 내용이 좋으면 회원이 이것을 아카데미에 보고하고 아카데미의 기요(紀要 : 정기적으로 내는 연구보고서)에 실리게 되어 있었다.

이때 갈루아의 논문을 읽고 그것을 아카데미에 보고하는 일은 코시(Cauchy)가 맡게 되어 있었다. 그런데 어쩐 일인지 코시는 그 사실을 잊어버리고 더구나 논문 원고마저 잃어버리고 말았다. 갈루아는 몇 번이나 아카데미에 독촉했지만 만족할 만한 대답을 얻지 못했다.

이때 갈루아는 세 가지 슬픈 사실을 동시에 경험하고 있었다. 하나는 처음으로 아카데미에 제출한 논문에 대해서 아카데미가 도무지 관심을 보여 주지 않았을 뿐 아니라, 그 논문마저 분실해 버린 일에 대한 슬픔이었다.

두 번째 슬픔은 그가 입학하여 수학 연구에 몰두하고 싶어 했던 에콜 폴리테크니크의 입학시험에 다시 실패한 슬픔이었다. 첫 번째로 이 학교의 입학시험을 치렀을 때는 시험관이 너무 시시한 것을 묻는 바람에 갈루아는 화를 냈었는데, 두 번째 시험 때도 같은 일이 일어났다. 더구나 두 번째는 화가 난 나머지 시험관에게 지우개를 집어던졌다는 이야기가 전해지고 있다.

세 번째의 슬픔은 갈루아의 아버지가 가톨릭교 신부들의 자유주의자에 대한 압박을 견디다 못해 중학교 근처의 아파트에서 자살한 일이었다.

이 세 가지 사건은 모두 갈루아에게는 옳지 못한 것들이 옳은 사람을 따돌렸기 때문에 일어난 일로 보였다. 이 분노로 인해 갈루아는 혁명운동에 적극적으로 가담하게 되었다고 생각된다.

### 고등사범학교

그러나 벌써 중학과정을 마치려 하고 있던 갈루아는 진학해야 할 상류학교를 결정해야 했다. 그래서 에콜 폴리테크니크와 견주는 고등사범학교(Ecole Normale Superieure)에 입학하기로 결심했다.

먼저의 두 번에 걸친 실패를 거울삼아 갈루아가 조심을 했기 때문인지, 이번에는 무난히 입학시험에 합격하여 1820년, 19세 때 이 고등사범학교에 입학했다.

그러나 어쩔 수 없이 들어간 고등사범학교는 결코 갈루아를 만족시키지 못했다. 갈루아에게 이 학교는 지루하고 따분하기만 했던 중학교의 연장으로 밖에는 보이지 않았다.

그래서 갈루아는 더욱 더 그 자신의 수학 연구에 몰두했다.

이때 갈루아는 「치환(置換)과 대수방정식」에 관한 그의 연구를 정리하여 파리의 아카데미에 제출했다. 앞에서 말한 것과 같은 제도에 의해서 이 논문은 아카데미 회원인 푸리에(J. B. J. Fourier, 1768~1830)가 검토해서 아카데미에 보고하게 되어 있었다. 그런데 푸리에가 이 논문을 다 검토하기 전에 죽고 말았다. 더구나 이 논문은 푸리에가 남겨 둔 서류에서 찾을 수 없었다.

이리하여 갈루아가 파리 아카데미에 제출한 논문은 두 번이나 분실되고 말았다.

이 무렵 갈루아는 자기보다 한 살 위 학생 슈발리에(A. Chevalier)와 친교를 맺었다. 슈발리에는 갈루아의 천재성에 반해서 그의 친구가 되었는데, 갈루아는 죽기 직전에 슈발리에에게 학문상의 유서를 남기고 있다.

### 혁명

당시는 샤를르 10세의 시대였는데, 그는 왕제(王制)를 유지하는 데 혈안이 되어 터무니없는 탄압을 가하고 있었다.

그리하여 1830년 7월 26일, 갈루아가 19세일 때 헌법을 폐기하고, 의회를 해산했으며, 신문보도의 자유마저 박탈했다. 신문기자들은 이 탄압에 대해서 이른바 「기자(記者) 선언」을 발표하고 저항했다.

마침내 파리에는 7월 27일에 혁명이 일어났다. 고등사범학교에서 이 사실을 안 갈루아는 자유를 위해서 싸우려고 학칙을 어기고 학교 담장을 뛰어 넘으려다가 발각되었다.

이 혁명소동은 7월 30일에 끝났으나 그 효과는 별로 없었고 따라서 시민들의 불만은 더욱 높아갔다. 고등사범학교의 교장과 학생이 발행하고 있는 「학교신문」 사이에서도 분규가 끊이지 않았다. 갈루아는 이 「학교신문」에 교장이 혁명 기간 동안 취한 행동을 비난하는 기사를 실었다. 이 일로 갈루아는 학교에서 쫓겨나고 말았다.

이 무렵 파리의 아카데미 회원이었던 푸아송(S. D. Poisson, 1781~1840)은 갈루아에게, 만약 푸리에에게 제출하여 잃어버린 논문을 다시 한번 고쳐 써 온다면, 검토해서 내용이 좋으면 아카데미에 보고해 주겠다는 전갈을 보냈다. 갈루아는 곧 논문을 완성하여 푸아송에게 제출했다.

푸아송은 그 논문을 검토해 주기는 했으나 결론은 '이 논문은 이해할 수가 없다'는 것이었다.

이 사건 이후 갈루아는 완전히 정치운동에 몸을 던지게 되었다.

### 결투

갈루아는 각종 정치적 집회에 출석하여 열광적인 연설에 몸을 던졌다. 그리하여 1831년 5월 9일에 열린 집회에서는 필립 왕을 타도하라고 절규하며 단검을 치켜들었다.

이 때문에 갈루아는 그 이튿날 체포되어 산토페라지 형무소에 수용되었다. 그는 6월 15일에 일단 석방되었다가 7월 14일에 다시 체포되어, 그 이듬해인 1832년 4월 29일까지 감옥에서 지내야 했다. 갈루아는 11개월간을 감옥에서 지냈다.

아무리 혈기왕성한 나이라고 하더라도 갈루아와 같은 청년에게 이 감옥살이가 얼마나 그의 건강을 좀먹었을 것인지는 쉽게 상상이 간다. 출옥 전인 1832년 3월 16일에는 요양소로 옮겨졌다. 그 진상은 분명하지 않지만 갈루아는 거기서 한 연애사건에 휘말려 들었다고 한다.

갈루아는 4월 29일 이 요양소로부터 석방되었는데 그로부터 한 달 후인 5월 29일, 이 연애사건과 얽혀서 결투를 하자는 도전을 받고, 다음 날 아침 결투에서 중상을 입고는 이튿날인 5월 31일 영영 세상을 등지고 말았다.

그 결투 전야에 갈루아는 이젠 시간이 없다, 이젠 시간이 없다고 말하면서 친구 슈발리에에게 학문상의 유서를 남겼다.

유서 가운데는 그가 써서 잃어버린 논문의 내용을 더 발전시킨, 이른바 후세에 「갈루아의 이론」이라고 불리게 된 것이 포함되어 있었다.

유서는 갈루아의 희망에 따라서 갈루아의 전기와 함께 「백과평론(百科評論)」에 실렸으나 그것이 발표된 당시에는 누구의 관심도 끌지 못했다고 한다.

갈루아의 이론이 사람들에게 알려지기 시작한 것은 그로부터 14년 후인 1846년에 리우빌(J. Liouville, 1809~1882)이 그의 유고를 잡지에 발표하고, 조르당(C. Jordan, 1838~1922)이 갈루아의 이론을 책으로 소개하면서부터이다.

## 칸토르(Cantor Georg, 1845~1918)

집합론(集合論)의 창시자로 유명한 칸토르는 러시아의 페테르부르크(레닌그라드)에서 유태계의 유복한 상인을 아버지와 같은 유태계로서 예술을 좋아하는 어머니 사이에서 1845년 3월 3일에 태어났다.

그의 아버지는 덴마크의 코펜하겐 출신인데 젊었을 적에 페테르부르크로 이주하여 칸토르는 이곳에서 태어났다. 아버지 병 때문에 그가 11세 때인 1856년에 독일의 프랑크푸르트로 다시 이사해 그곳에서 아버지는 칸토르가 18세이던 1863년에 사망했다.

이같이 그의 양친을 따라서 칸토르의 국적이 몇 번이나 바뀌었기 때문에, 칸토르가 세계 일류의 수학자로 인정받은 후에는 몇몇 나라가 서로 그를 자기 나라 사람이라고 주장하고 있다. 칸토르 자신은 독일을 좋아했다고 하는데, 다음에서 이야기하는 것에서도 알 수 있듯이, 과연 독일이 칸토르를 호의적으로 대우했었는지 알 수가 없다.

칸토르는 처음에 가정교사에게서, 또 페테르부르크에서는 초등학교에서 교육을 받았다. 일가가 프랑크푸르트로 옮겨 와서는 그곳의 사립학교에 다녔고, 15세 때 비스바덴의 김나지움에 입학했다.

칸토르는 수학의 역사에 이름을 남긴 다른 수학자들과 마찬가지로, 일찍부터 수학에 대한 비상한 관심과 뛰어난 재능을 보였다.

칸토르는 15세가 되었을 때 장래 수학자가 되겠다는 결심을 했다. 이것을 안 그의 아버지는 칸토르가 뛰어난 수학적 재능을 가졌다는 것은 인정하면서도, 그가 보기에는 너무나 비현실적으로 보이는 수학자라는 직업이 아니라 보다 현실적이고 기술적인 직업에 종사하게 하려고 힘썼다. 그리하여 칸토르의 견진례(堅振禮 : 성사의 하나) 때 칸토르에게 「너의 아버지는 물론 모든 친척이 네가 기술방면의 직업에서 성공하기를 빌고 있다.」라는 뜻을 적어 보냈다.

장래에 수학자가 되겠다고 결심하고 있던 칸토르에게 이것은 큰 충격이었다. 그러나 아버지를 더없이 사랑하고 또 신앙심이 깊었던 칸토르는 아버지가 자신이 기술방면이 아니라 수학에 적성이 맞는다는 것을 알아줄 때까지는, 아버지의 의견을 따르기로 했다. 이처럼 아버지를 기쁘게 하기 위해서 자기 자신의 재능이 가리키는 방향을 희생하려 한 데에서 칸토르의 자기불신(自己不信)의 씨앗이 뿌려졌다고 할 수 있다.

칸토르의 전기를 쓴 벨(E. T. Bell, 1833~1960)은 다음과 같이 말하고 있다.

'후년에 크로네커(L. Kronecker, 1823~1891)의 심술궂은 공격 때문에 자신이 한 연구의 가치마저 의심하게 된 것도 이런 사정에 기인한 것이다. 만약 칸토르가 독립적인 인간으로 키워졌더라면 그의 생애를 비참하게 만든 그 같은 태도, 확고한 명성을 지닌 사람들에 대해서는 소심익익(小心翼翼)하게 복종하는 태도는 아마 몸에 배지 않았을 것이다'

그러나 칸토르가 점점 수학적인 재능을 나타내고, 수학에서 1등의 성적으로 김나지움의 과정을 마쳤을 때는, 옹고집의 아버지도 끝내는 칸토르가 대학에 들어가 수학을 전공하도록 허락하지 않을 수 없었다.

이렇게 칸토르는 17세 때 취리히대학에 입학하여 본격적으로 수학을 공부하기 시작했다. 그러나 18세 때 아버지를 여의고 베를린대학으로 옮겨 갔다. 당시의 베를린대학에는 교수로 크로네커, 쿠머(E. E. Kummer, 1810~1893), 바이어슈트라스(K. T. Weierstrass, 1815~1897) 등이 있었다.

크로네커와 쿠머의 영향으로 당시의 수학계에서는 정수론(整數論)의 연구가 활발했다. 칸토르도 가우스의 『정수론』을 숙독하고 정수론에 관한 연구로 22세 때 학위를 받았다.

이 학위논문은 그 저자가 충분한 재능을 타고 난 사람이라는 것을 보여 주는 뛰어난 논문이기는 했으나, 그 테마로 삼은 것은 약간 고전적인 문제였기 때문에, 이 논문의 저자가 나중에 집합론을 창시하는 굉장한 일을 하리라고는 아무도 생각하지 못했다.

칸토르는 얼마 동안 이런 종류의 연구를 계속했으나 바이어슈트라스의 영향으로 차츰 무한급수(無限級數) 이론에 관심을 보이게 되었다.

여기서 무한급수라는 것은

$a_1+a_2+a_3+ \cdots\cdots +a_n+ \cdots\cdots$

로 무한히 계속되는 급수를 말하는데, 여기서는 이같이 무한히 계속되는 급수가 과연 일정한 값에 가까워져 가느냐, 즉 수렴하느냐의 문제가 된다.

이 분야는 무한, 수렴 그리고 극한, 연속 등 해석학의 기초와 관계되는 문제가 나타난다. 그래서 칸토르는 해석학의 기초에 가로놓이는 이 문제에 비상한 관심을 갖게 되었다.

무한에 대한 관심은 칸토르에게 29세에 무한집합(無限集合)에 관한 혁명적이라고 할 수 있는 논문을 발표하게 했다.

이 칸토르의 논문은 당시의 수학계에 커다란 논쟁을 불러일으켰다. 낡은 생각을 가졌던 사람들이 혁명적인 새로운 사고방식을 하루아침에 받아들이기는 예나 지금이나 어려운 법이다.

### 유한집합과 무한집합

흔히 다음과 같이 말하는 사람이 있다.

'지금부터 100년 전 칸토르에 의해서 창시된 집합론을 지금은 초등학교의 산수, 중학교의 수학 시간에 배우고 있다.'

집합의 사상, 그리고 집합의 논의가 수학을 발전시켜 나가는데 매우 중요한 역할을 할 것임을 처음으로 지적한 사람은 칸토르이다. 이 집합의 사고는 집합론을 바탕으로 해서 수학이 새로운 것으로 바뀌어 태어나고, 그 응용도 광범위해져서 되어 초등학교의 산수, 중학교의 수학에까지 집합의 개념이 도입된 것은 사실이다.

그러나 이 표현은 어떤 의미로는 잘못되어 있다. 그 이유는 칸토르가 주로 논한 것은 무한집합인데, 초등학교나 중학교 과정에서 나오는 것은 유한집합이기 때문이다.

최근에 이같이 초등학교의 산수와 중학교의 수학에 집합이 등장하면서, 이 집합을 해설한 기사와 책이 많이 출판되고 있다. 그러나 이것들은 초등학교의 산수나 중학교의 수학에 나오는 집합의 해설이므로, 주로 유한집합을 다루고 있고 무한집합은 거의 다루고 있지 않다.

칸토르가 집합론의 창시자라고 알고 있는 사람들 중에는 칸토르가 초등학교나 중학교의 교과서와 참고서에 있는 것과 같은 논리를 전개한 것이라고 단정하고 있는 사람이 있는데, 필자는 칸토르의 입장에서 보면 매우 유감일 것이라고 생각한다.

칸토르가 전개한 것은 실은 무한집합의 논의이다. 그리고 칸토르가 전개한 이 무한집합의 논의는 초등학교의 교과서에는 물론, 중학교의 교과서에도, 고등학교의 교과서에도 전혀 나타나지 않는다. 만약 칸토르가 전개한 무한집합의 논의가 너무나 전문적이어서 전혀 이해가 가지 않는다고 해도 할 수 없는 일이다. 다만 필자의 생각으로는 칸토르 이론의 전체라고는 할 수 없어도, 그 정신과 그 이론의 일단만큼은 상식을 가진 사람이라면 누구나 이해할 수 있는 것이라고 생각한다.

칸토르의 무한집합에 대해서는 다음 장에 나올 힐베르트(D. Hilbert)에서 언급하기로 한다.

## 칸토르의 입장

칸토르가 창시한 무한집합론은 현재 수학의 기초로 되어 있고, 대학 저학년에서도 다루어지고 있는데, 칸토르가 그것을 발표했을 당시에는 전혀 뜻밖의 그리고 획기적인 생각이었다.

칸토르의 이 작업은 분명히 한 젊은 수학자가 그 재능의 비상함을 보여 주고 수학의 세계에 새바람을 일으킨 것이었다. 따라서 칸토르에게는 그것에 걸맞은 지위가 주어져야 했다.

1867년, 칸토르가 22세 때 베를린대학으로부터 학위를 받았다는 것은 앞에서 말했지만, 그는 1869년, 24세 때 할레대학의 사강사(私講師)로 임명되었다.

사강사라는 것은 그 대학의 교수들 앞에서 자신의 업적에 대해 강연을 하고, 수학자로서 또는 선생으로서의 역량이 인정되면 그 대학에서 강의를 하도록 허용이 되는 자리를 뜻한다. 그러나 월급은 대학에서 나오지 않고 강의에 출석하는 사람들로부터 청강료를 받는다.

칸토르는 이어서 1870년, 25세로 조교수에 임명되고, 1879년, 34세에 할레대학의 정교수로 임명되었다.

이것은 탁월한 재능을 가졌고, 획기적인 큰 업적을 이룩한 수학자로서는 매우 느린 승진이라 하겠다.

더구나 할레대학이라는 곳은 좀 실례되는 말이지만 독일에서는 2류, 아니 3류 대학이다. 칸토르는 베를린대학의 교수 자리를 희망했다고 하는데 그 희망은 끝내 이루어지지 않았다.

그 원인의 하나는 베를린대학에 칸토르의 업적을 완강하게 부인하는 한 수학자가 있었기 때문이라고 한다.

## 친구 데데킨트

1874년, 칸토르가 29세 때 그는 그의 무한집합론에 관한 논문을 발표했는데, 같은 해에 그는 결혼하여 나중에 2남 4녀를 얻었다.

이 무렵 칸토르는 수론(數論)에서 칸토르의 무한집합론에 못지않은 일을 한 데데킨트(J. W. R. Dedekind, 1831~1916)와 친교를 맺었다.

칸토르의 업적이 너무 혁신적이어서 당시의 전통적인 수학자들에게는 당장 받아들여지지 않았던 것과 마찬가지로, 이 데데킨트의 업적도 낡은 생각을 고수하는 수학자들로부터는 백안시되었다.

칸토르의 업적이건, 데데킨트의 업적이건 간에 케케묵은 흐린 공기 속에서 뛰쳐나온 전혀 새로운 사고방식이 쉽사리 받아들여지지 못한 일은 역사상 여러 번 있었다.

칸토르의 유명한 말

'수학의 본질은 그 자유성에 있다.'

는 여태까지의 사고방식에 구속되지 않는 매우 자유로운 사고방식에 대해서 비난을 받았을 때, 그의 입에서 튀어나온 말이다.

## 말년

칸토르가 창시한 무한집합론의 몇몇 결론은 당시의 수학계의 상식으로 말하면 전혀 뜻밖의 것일 뿐이었다. 베를린대학의 교수 크로네커는 이것을 하나의 도전으로 받아들였다고 한다. 그리고 수학계가 칸토르의 말에 현혹되어 일종의 광기(狂氣)로 치닫고 있다고 생각한 크로네커는 이 「무한집합론」과 그것을 제창한 칸토르를 갖은 수단을 다해서 공격했다.

처음에 말했듯이 매우 예민한 감수성의 소유자인 칸토르는 이를 견뎌낼 수가 없었다. 1884년, 40세 때 그의 질병의 첫 조짐이 나타났다. 이 병은 그가 죽기까지 여러 번 재발했고, 그 때마다 심해져서 그를 괴롭혔다. 그는 그때마다 정신병원에 입원을 되풀이해야 했다. 더구나 가엾게도 심한 발작이 일어나고 있을 때는 자신이 한 일이 전혀 보잘것없는 시시한 것으로만 생각되고, 또 그것이 옳은지 어떤지에 대해서조차도 자신을 의심하는 상태로까지 다다랐다고 한다. 그러나 심한 발작이 수그러지면 그의 머리는 맑아져 있었다.

그를 이 같은 상태로 몰아넣은 원인이 모두 그의 「무한집합론」에 대한 크로네커의 비난 때문이었다고 말할 수 없지만, 칸토르가 베를린대학의 교수 자리를 끝내 얻지 못한 원인이 이 크로네커에 있었다는 것은 확실하다고 역사가들은 말하고 있다.

칸토르는 말년에 그의 「무한집합론」이 겨우 인정을 받고 또 칭찬도 받아 크로네커와도 화해를 했다고 전해지고 있으나, 칸토르의 병은 이미 중태였으며 그는 할레의 정신병원에서 1918년 1월 6일, 쓸쓸히 눈을 감았다.

## 힐베르트(Hilbert David, 1862~1943)

20세기 전반의 가장 위대한 수학자의 한 사람으로 일컬어지는 힐베르트는 1862년 1월 24일, 독일의 쾨니히스베르크(지금은 러시아의 칼리닌그라드)에서 태어났다. 그리고 쾨니히스베르크 대학에서 공부하고 1885년, 23세에 학위를 얻고 1892년, 30세 때 이 대학의 교수로 임명되었다.

그리고 3년 후인 1895년 괴팅겐대학으로 옮겨가서 평생을 그 자리에 머물렀다.

그의 업적은 불변식론(不變式論), 기하학기초론(幾何學基礎論), 대수적 정수론(代數的整數論), 포텐셜론, 적분방정식론, 수학기초론 등 수학의 거의 모든 분야에 걸쳐 있다.

그의 적분방정식론(積分方程式論)으로부터 오늘날의 힐베르트 공간론(空間論)이 태어났다.

또 1900년에 파리에서 국제수학자회의가 열렸을 때 23개의 미해결 수학 문제를 들고 20세기의 수학의 진로를 제시한 것도 유명하다.

## 힐베르트의 기하학

힐베르트는 1899년에 『기하학의 기초』라는 책을 출판하여 유클리드 기하학의 완전한 공리계(公理系)를 부여하고, 그 공리 위에 입각하여 유클리드 기하학을 엄밀하게 재구성했다.

## 자신의 논문

힐베르트의 말년에 힐베르트의 저술이 전집으로 발행되었다.

교정 등 일체의 일은 편집위원회가 맡아서 했는데, 그중 한 논문은 아무리 해도 편집자가 알 수 없는 곳이 두세 군데 포함되어 있었다. 그래서 이 논문만은 힐베르트 선생에게 직접 교정을 보아 주십사하고 부탁하게 되었다.

그래서 편집자 중 한 사람이

'선생님 이 논문의 교정을 봐 주십시오.'

하고 힐베르트에게 부탁했다.

그로부터 1주일쯤이 지난 뒤 이 편집자가 다시 힐베르트를 찾아갔더니, 그는 새빨갛게 고쳐 놓은 그 논문을 편집자에게 건네주면서 이렇게 말했다고 한다.

'이 논문은 꽤 재미있는 논문이군. 도대체 누가 쓴 논문인가?'

## 넥타이를 풀고 나면

이것은 일본의 수학자 다카기(高木貞治, 1875~1960) 선생의 『힐베르트 방문기』에 나오는 이야기이다.

외국인은 흔히 자기 집에 손님을 초대하여 파티를 연다. 힐베르트 선생 댁에서 이 파티를 열었을 때의 이야기이다. 이제 슬슬 손님이 모여들 시간이라는데도, 힐베르트가 여전히 여느 때처럼 허름한 복장으로 있는 것을 발견한 케테 부인이

'여보, 당신도 빨리 넥타이를 바꿔 매셔야죠. 자 빨리요.'

하고 힐베르트를 이 층으로 올려보냈다.

시간이 되어서 손님들이 속속 모여들고, 한창 파티가 무르익고 있는데도, 도무지 힐베르트 선생이 내려오는 기색이 없었다.

이상하게 생각한 부인이 하녀를 이층으로 올려 보냈더니, 힐베르트는 침대에 들어가서 편히 자고 있었다고 한다.

힐베르트 선생에게는 이층으로 올라가서 넥타이를 풀면, 그 다음 절차는 침대에 들어가서 잠을 자는 일이었다.

## 바지 구멍

이것도 위에서 말한 『힐베르트 방문기』에 나오는 이야기이다.

어느 월요일, 힐베르트 선생의 강의 중 한 학생이 선생님의 바지에 구멍이 난 것을 발견했다.

다음 날인 화요일, 이 학생과 다른 학생들이 주의 깊게 힐베르트 선생의 바짓가랑이를 관찰했는데, 확실히 선생의 바지에는 구멍이 뚫려 있었다.

다음 날인 수요일에도, 그다음 날인 목요일에도, 또 금요일에도 여전히 힐베르트 선생은 구멍 난 바지를 태연히 입고 나왔

기 때문에, 힐베르트 선생의 바지 구멍은 학생들 사이에서 유명한 화젯거리가 되었다.

그래서 학생들이 상의한 끝에 실례가 되지 않는 방법으로 선생님에게 그것을 알려 드릴 기회를 엿보고 있었다.

그다음 주의 어느 날, 세미나가 끝난 뒤 힐베르트 선생과 학생들이 대학 구내를 나왔을 때 커다란 트럭 한 대가 굉장한 속도로 힐베르트 선생 곁을 스쳐갔다.

'아! 위험합니다.'

하고 선생님을 감싸 안은 학생은 이 기회야말로 선생님께 바지 구멍을 알려 드릴 절호의 기회라 생각하고

'아, 선생님 바지에 구멍이 났군요.'

하고 말했다. 그러자 힐베르트 선생은

'어디, 아 이 구멍 말인가. 이건 먼젓번 학기 때부터 있었던 것 같아.'

하고 태연히 말했다고 한다.

## 방이 무한히 있는 호텔

수학자들은 나름대로의 명언(名言)을 남기고 있다.

앞에서 말한 칸토르의 말

'수학의 본질은 그 자유성에 있다.'

라는 말은 아마 명언 중의 명언일 것이다.

이 칸토르가 창시한 무한집합론은 커다란 논쟁을 불러일으킨 셈인데, 이것에 대해서 힐베르트는 다음과 같이 말하고 있다.

'무한! 이것만큼이나 인간의 정신을 뒤흔들어 놓은 것은 없다.'

그리고 칸토르의 무한집합론의 한 부분을 보이기 위해서 다음과 같은 이야기를 하고 있다.

이는 유한의 경우에 상식으로 되어 있는 것이, 무한이 개입하게 되면 무너져 버린다는 것을 가리키기 위한 것이다.

어느 호텔이

1호실, 2호실, 3호실, ……

로 번호가 매겨진 무한히 많은 방을 가졌다고 하자. 그리고 지금 이 호텔은 만원이라고 한다.

거기에 새로운 손님 한 사람이 도착했다.

유한한 개수의 방을 가진 호텔의 지배인이라면 「지금 만원입니다」하고 거절하겠지만, 무한한 방을 가진 이 호텔의 지배인은 조금도 허둥대지 않고 다음과 같이 방송했다.

> '참으로 죄송합니다만, 1호실 손님은 2호실로, 2호실 손님은 3호실로, 3호실 손님은 4호실로 … 하듯이 지금 계시는 방보다 번호가 하나씩 많은 방으로 옮겨 주셨으면 합니다.'

이렇게 이 지배인은 빈 1호실에다 새 손님을 맞아들일 수가 있었다.

그런데, 호텔은 여전히 만원인데도 이번에는 이 호텔에 100명의 새 손님이 도착했다.

유한한 개수의 방을 가진 호텔의 지배인이라면 크게 낭패해서 「지금 만원이기에 방을 드릴 수 없습니다.」하고 거절할 수밖에 없겠지만, 무한한 방을 가진 이 호텔의 지배인은 조금도 당황하지 않고 다음과 같이 방송했다.

'대단히 죄송합니다만, 1호실 손님은 101호실로, 2호실의 손님은 102호실로, 3호실 손님은 103호실로, …… 이렇게 지금 계시는 방보다 번호가 100이 많은 방으로 옮겨 주시기 바랍니다.'

이렇게 해서 지배인은 빈 1호실에서부터 100호실까지에 100명의 손님을 받아들일 수가 있었다.

그런데, 호텔은 여전히 만원인 데도 이번에는 또 이 호텔에 $A_1$ 씨, $A_2$ 씨, $A_3$ 씨, …… 라는 무한히 많은 손님이 도착했다.

유한 개수의 방을 가진 호텔의 지배인이라면, 이 경우도 「지금 만원인데요.」하고 거절할 수밖에 없겠지만, 무한한 방을 가진 호텔의 지배인은 이때도 당황하지 않고 다음과 같은 방송을 했다.

'정말로 죄송합니다만 1호실 손님은 2호실로, 2호실 손님은 4호실로, 3호실 손님은 6호실로, … 이렇게 지금 계시는 방 번호의 2배의 번호를 가진 방으로 옮겨 주시기 바랍니다.'

이리하여 이 지배인은 $A_1$ 씨를 1호실로, $A_2$ 씨를 3호실로, $A_3$ 씨를 5호실로 …… 라듯이 모든 손님을 홀수 번호의 방에다 묵게 할 수 있었다.

**청소년을 위한**
**위대한 수학자들 이야기**

**초판 1쇄** 1989년 05월 15일
**개정 1쇄** 2021년 06월 01일

**지은이** 야노 겐타로
**옮긴이** 손영수
**펴낸이** 손영일
**펴낸곳** 전파과학사
**주소** 서울시 서대문구 증가로 18, 204호
**등록** 1956. 7. 23. 등록 제10-89호
**전화** (02) 333-8877(8855)
**FAX** (02) 334-8092
**홈페이지** www.s-wave.co.kr
**E-mail** chonpa2@hanmail.net
**공식블로그** http://blog.naver.com/siencia

**ISBN** 978-89-7044-967-8 (03410)
파본은 구입처에서 교환해 드립니다.
정가는 커버에 표시되어 있습니다.

# 도서목록

## 현대과학신서

A1 일반상대론의 물리적 기초
A2 아인슈타인 I
A3 아인슈타인 II
A4 미지의 세계로의 여행
A5 천재의 정신병리
A6 자석 이야기
A7 러더퍼드와 원자의 본질
A9 중력
A10 중국과학의 사상
A11 재미있는 물리실험
A12 물리학이란 무엇인가
A13 불교와 자연과학
A14 대륙은 움직인다
A15 대륙은 살아있다
A16 창조 공학
A17 분자생물학 입문 I
A18 물
A19 재미있는 물리학 I
A20 재미있는 물리학 II
A21 우리가 처음은 아니다
A22 바이러스의 세계
A23 탐구학습 과학실험
A24 과학사의 뒷얘기 1
A25 과학사의 뒷얘기 2
A26 과학사의 뒷얘기 3
A27 과학사의 뒷얘기 4
A28 공간의 역사
A29 물리학을 뒤흔든 30년
A30 별의 물리
A31 신소재 혁명
A32 현대과학의 기독교적 이해
A33 서양과학사
A34 생명의 뿌리
A35 물리학사
A36 자기개발법
A37 양자전자공학
A38 과학 재능의 교육
A39 마찰 이야기
A40 지질학, 지구사 그리고 인류
A41 레이저 이야기
A42 생명의 기원
A43 공기의 탐구
A44 바이오 센서
A45 동물의 사회행동
A46 아이작 뉴턴
A47 생물학사
A48 레이저와 홀러그러피
A49 처음 3분간
A50 종교와 과학
A51 물리철학
A52 화학과 범죄
A53 수학의 약점
A54 생명이란 무엇인가
A55 양자역학의 세계상
A56 일본인과 근대과학
A57 호르몬
A58 생활 속의 화학
A59 셈과 사람과 컴퓨터
A60 우리가 먹는 화학물질
A61 물리법칙의 특성
A62 진화
A63 아시모프의 천문학 입문
A64 잃어버린 장
A65 별· 은하· 우주

# 도서목록

## BLUE BACKS

1. 광합성의 세계
2. 원자핵의 세계
3. 맥스웰의 도깨비
4. 원소란 무엇인가
5. 4차원의 세계
6. 우주란 무엇인가
7. 지구란 무엇인가
8. 새로운 생물학(품절)
9. 마이컴의 제작법(절판)
10. 과학사의 새로운 관점
11. 생명의 물리학(품절)
12. 인류가 나타난 날 I (품절)
13. 인류가 나타난 날 II(품절)
14. 잠이란 무엇인가
15. 양자역학의 세계
16. 생명합성에의 길(품절)
17. 상대론적 우주론
18. 신체의 소사전
19. 생명의 탄생(품절)
20. 인간 영양학(절판)
21. 식물의 병(절판)
22. 물성물리학의 세계
23. 물리학의 재발견〈상〉
24. 생명을 만드는 물질
25. 물이란 무엇인가(품절)
26. 촉매란 무엇인가(품절)
27. 기계의 재발견
28. 공간학에의 초대(품절)
29. 행성과 생명(품절)
30. 구급의학 입문(절판)
31. 물리학의 재발견〈하〉
32. 열 번째 행성
33. 수의 장난감상자
34. 전파기술에의 초대
35. 유전독물
36. 인터페론이란 무엇인가
37. 쿼크
38. 전파기술입문
39. 유전자에 관한 50가지 기초지식
40. 4차원 문답
41. 과학적 트레이닝(절판)
42. 소립자론의 세계
43. 쉬운 역학 교실(품절)
44. 전자기파란 무엇인가
45. 초광속입자 타키온
46. 파인 세라믹스
47. 아인슈타인의 생애
48. 식물의 섹스
49. 바이오 테크놀러지
50. 새로운 화학
51. 나는 전자이다
52. 분자생물학 입문
53. 유전자가 말하는 생명의 모습
54. 분체의 과학(품절)
55. 섹스 사이언스
56. 교실에서 못 배우는 식물이야기(품절)
57. 화학이 좋아지는 책
58. 유기화학이 좋아지는 책
59. 노화는 왜 일어나는가
60. 리더십의 과학(절판)
61. DNA학 입문
62. 아몰퍼스
63. 안테나의 과학
64. 방정식의 이해와 해법
65. 단백질이란 무엇인가
66. 자석의 ABC
67. 물리학의 ABC
68. 천체관측 가이드(품절)
69. 노벨상으로 말하는 20세기 물리학
70. 지능이란 무엇인가
71. 과학자와 기독교(품절)
72. 알기 쉬운 양자론
73. 전자기학의 ABC
74. 세포의 사회(품절)
75. 산수 100가지 난문·기문
76. 반물질의 세계
77. 생체막이란 무엇인가(품절)
78. 빛으로 말하는 현대물리학
79. 소사전·미생물의 수첩(품절)
80. 새로운 유기화학(품절)
81. 중성자 물리의 세계
82. 초고진공이 여는 세계
83. 프랑스 혁명과 수학자들
84. 초전도란 무엇인가
85. 괴담의 과학(품절)
86. 전파는 위험하지 않은가
87. 과학자는 왜 선취권을 노리는가?
88. 플라스마의 세계
89. 머리가 좋아지는 영양학
90. 수학 질문 상자

91. 컴퓨터 그래픽의 세계
92. 퍼스컴 통계학 입문
93. OS/2로의 초대
94. 분리의 과학
95. 바다 야채
96. 잃어버린 세계·과학의 여행
97. 식물 바이오 테크놀러지
98. 새로운 양자생물학(품절)
99. 꿈의 신소재·기능성 고분자
100. 바이오 테크놀러지 용어사전
101. Quick C 첫걸음
102. 지식공학 입문
103. 퍼스컴으로 즐기는 수학
104. PC통신 입문
105. RNA 이야기
106. 인공지능의 ABC
107. 진화론이 변하고 있다
108. 지구의 수호신·성층권 오존
109. MS-Window란 무엇인가
110. 오답으로부터 배운다
111. PC C언어 입문
112. 시간의 불가사의
113. 뇌사란 무엇인가?
114. 세라믹 센서
115. PC LAN은 무엇인가?
116. 생물물리의 최전선
117. 사람은 방사선에 왜 약한가?
118. 신기한 화학 매직
119. 모터를 알기 쉽게 배운다
120. 상대론의 ABC
121. 수학기피증의 진찰실
122. 방사능을 생각한다
123. 조리요령의 과학
124. 앞을 내다보는 통계학
125. 원주율 $\pi$의 불가사의
126. 마취의 과학
127. 양자우주를 엿보다
128. 카오스와 프랙털
129. 뇌 100가지 새로운 지식
130. 만화수학 소사전
131. 화학사 상식을 다시보다
132. 17억 년 전의 원자로
133. 다리의 모든 것
134. 식물의 생명상
135. 수학 아직 이러한 것을 모른다
136. 우리 주변의 화학물질
137. 교실에서 가르쳐주지 않는 지구이야기
138. 죽음을 초월하는 마음의 과학
139. 화학 재치문답
140. 공룡은 어떤 생물이었나
141. 시세를 연구한다
142. 스트레스와 면역
143. 나는 효소이다
144. 이기적인 유전자란 무엇인가
145. 인재는 불량사원에서 찾아라
146. 기능성 식품의 경이
147. 바이오 식품의 경이
148. 몸 속의 원소 여행
149. 궁극의 가속기 SSC와 21세기 물리학
150. 지구환경의 참과 거짓
151. 중성미자 천문학
152. 제2의 지구란 있는가
153. 아이는 이처럼 지쳐 있다
154. 중국의학에서 본 병 아닌 병
155. 화학이 만든 놀라운 기능재료
156. 수학 퍼즐 랜드
157. PC로 도전하는 원주율
158. 대인 관계의 심리학
159. PC로 즐기는 물리 시뮬레이션
160. 대인관계의 심리학
161. 화학반응은 왜 일어나는가
162. 한방의 과학
163. 초능력과 기의 수수께끼에 도전한다
164. 과학·재미있는 질문 상자
165. 컴퓨터 바이러스
166. 산수 100가지 난문·기문 3
167. 속산 100의 테크닉
168. 에너지로 말하는 현대 물리학
169. 전철 안에서도 할 수 있는 정보처리
170. 슈퍼파워 효소의 경이
171. 화학 오답집
172. 태양전지를 익숙하게 다룬다
173. 무리수의 불가사의
174. 과일의 박물학
175. 응용초전도
176. 무한의 불가사의
177. 전기란 무엇인가
178. 0의 불가사의
179. 솔리톤이란 무엇인가?
180. 여자의 뇌·남자의 뇌
181. 심장병을 예방하자